U0291811

场所微气候影响的羌族传统
村落环境及建筑形式

刘 伟 著

中国建材工业出版社

北 京

图书在版编目（CIP）数据

场所微气候影响的羌族传统村落环境及建筑形式/
刘伟著 . --北京：中国建材工业出版社，2024.1

ISBN 978-7-5160-3700-3

Ⅰ．①场… Ⅱ．①刘… Ⅲ．①微气候－影响－羌族－
村落－居住环境－研究－中国②微气候－影响－羌族－村
落－建筑形式－研究－中国 Ⅳ．①X21②TU-80

中国国家版本馆 CIP 数据核字（2023）第 007449 号

场所微气候影响的羌族传统村落环境及建筑形式

CHANGSUO WEIQIHOU YINGXIANG DE QIANGZU CHUANTONG CUNLUO HUANJING JI
JIANZHU XINGSHI

刘 伟 著

出版发行：中国建材工业出版社
地　　址：北京市海淀区三里河路 11 号
邮　　编：100831
经　　销：全国各地新华书店
印　　刷：北京印刷集团有限责任公司
开　　本：787mm×1092mm　1/16
印　　张：13.25
字　　数：260 千字
版　　次：2024 年 1 月第 1 版
印　　次：2024 年 1 月第 1 次
定　　价：58.00 元

作者简介

刘伟，博士，教授，硕士研究生导师，西南民族大学建筑学院硕士点负责人，中国建筑学会建筑史学分会理事，是国家社会科学基金同行评议专家、教育部全国本硕毕业论文抽检评审专家、四川省经济与信息厅高级职称评审专家、四川省科技项目评审专家。

多年来从事可持续建筑及环境设计理论、生态城市公园设计、园林艺术的全生命周期效应评价与宗教建筑艺术的研究。

完成科研项目 26 项，分别主持国家社会科学基金艺术学项目 1 项，参研国家自然科学基金 1 项和国家社会科学基金 2 项，主持省部级课题 9 项，厅、校级课题 10 余项。已出版学术专著 3 部，发表学术论文 60 余篇，获省级以上奖项 5 项，并获得本校第五届优秀青年骨干教师荣誉称号。

前 言

羌族传统村落环境自然而有机，在经历了自然灾害和人为破坏后，它依然持续发展，朝着羌族人民各种舒适和美好生活的需要而发展。然而受"5·12"汶川地震、异地搬迁工程、退耕还林等影响和近年来我国信息技术发展，以及在城市化建设、生活物质丰富的前提下，大量羌族传统村落被遗弃，保留较完整的有羌族人生活的传统村落及建筑已经不多了。为了保护和留存即将失去的羌族古人的营造技艺，笔者通过大量的实地调研和文献资料查阅，发现学者们对羌族文化、建筑、器物等颇有研究，但其中还缺乏从气候角度探析羌族传统村落环境成形的研究成果。本书基于场所微气候的各个气候因素，分别剖析羌族传统村落环境和传统建筑形式，揭示羌族古人营造它们的形式，系统归纳出羌族古人营造村落的一些思想、采用的技艺，从而展现出其聚居环境的舒适性和安全性。

为了能够科学地研究这一主题，本书应用的研究方法主要有文献查阅法、实地调查法、定性分析法、图表分析法和图底关系法等。本书的研究思路将从四个方面深入展开。

第一方面是研究背景，主要为第一章内容。首先，概述羌族及其所在地区的相关情况，提纲挈领地分析其历史。其次，介绍羌族的文化习俗内容，重点分节阐述羌族所在地区的自然环境情况，对微气候部分做了详细的归纳解析。最后，介绍该民族所在地区的自然材料，又做了明确的建筑材料解析，并且根据微气候和场所地貌条件，集中介绍了羌族地区人民运用这些建筑材料发展出的建筑结构及其构造技术。这些技术使羌族人居环境与当地自然形成了有机、协调的关系。

第二方面是研究前提，由第二章和第三章构成。首先，对本书的研究前提——场所微气候进行系统的解析，通过概念、与气候的关系和羌族传统村落环境的关系三个方面进行重点分析，从而得到该研究对象受制于场所微气候影响的结论。其次，分别论述在场所微气候影响下的羌族传统村落环境和建筑的要素，它们是保证羌族人居环境得到形成和发展的重要营造手段，对羌族建筑环境的最终形成起着技术支持的作用。最后，按照时间的进程，基于场所微气候前提论述羌族传统村落与建筑的发展历史，概述这些村落类型及建筑发展不同阶段的情况，使羌族人居环境的来龙去脉一目了然。

第三方面是研究界定及进展，由第四章和第五章构成。这两章翔实地介绍羌族传统村落中的各个环境元素，它们是构成这一民族村落环境的组成部分，从适应和非适应场所微气候的两个方面分别阐述，然后按照功能、体形、色彩、构造、材料和位置等进行介绍，较为完整地展示羌族传统村落环境中的各种元素。环境元素组成的整体村落环境是形成村落界域的基础，也是村落形式及建筑形式的组成部分，因此，仔细分析羌族传统村落环境三维的范围就显得非常重要。这里对界域进行了简要解释，并根据场所微气候影响从村落的平面、立面，以及建筑的平面、立面进行分析，从而使羌族传统人居环境有了明确的界域和范围，为它们各自生成的最终形式起到较直接的支撑作用。

第四方面是研究核心和目的，由第六章和第七章组成。本书的核心和研究目的就是要得到在场所微气候影响下的羌族传统村落环境与建筑的具体形式。这部分用两章的篇幅展开解析，与众多代表性的羌族人居环境实例结合，并依据村落环境的平面和立面维度进行详细分析，分别获得块状、线状和三角形的平面形式，以及沿阶地均匀的四边形、集中性的三角形、自由多边形的立面形式，从而形成羌族地区传统村落环境普遍的三种归纳形式系统。然后，应用同样的研究方法和体例剖析其中传统建筑的平面和立面，按照羌族不同建筑分别深究，获得碉、碉房、庄房和阪屋的平面形式，以及各建筑的立面形式，并结合代表性建筑实例总结它们各自的形式特点，形成羌族地区传统建筑通用的形式系统，最后得到羌族地区整体的羌族传统村落环境形式与建筑形式的体系。

研究场所微气候影响的羌族传统村落环境与建筑的形式，也能发现它们的可持续性和蕴藏的思想，这一切无不体现千年来古老羌族人民的美好愿望，希望利用气候和身边的自然环境，解决恶劣且险峻的客观居住条件，不断地争取他们向往的舒适、安全的生活，更体现出他们建造村落环境的智慧和精神，也就是遵循气候原理的系统做法，进而也展现出羌族工匠较高的建造水平和有机生长的观念。羌族独特的村落面貌和建筑形式，充分彰显了羌族人民对大自然的尊重和与自然平等相待的观念。这些观念也正是当今各国人民共同提倡的"可持续设计"主张，如果从中提炼出对当今羌族地区乡村建设有用的关键点，将对我国相似地域的农村建设有重要的借鉴意义，对我国民族地区乡村建设更有积极的参考价值。

本书在写作过程中，得到西南民族大学副教授刘春燕的支持，她带领硕士研究生赵一蕾、陈阿梦、刘苗苗、王妙汝、杨磊等前往羌族地区调研，并开展测绘、访谈、记录和问卷发放、回收等工作；四川文化艺术学院讲师李媛媛和西南财经大学天府学院讲师袁海月，分别对本书进行了前期文字的整理与输入。同时，羌族地区的村民也提供了调研资料和相关信息，尤其是羌族工匠陈师傅和刘师傅等详细介绍了羌族自古以来的营造技术、方法、经验、思想以及营造程序等。这些都是本书撰写的重要理论基础，在这里一并表示最衷心的感谢！

刘　伟

2023 年 8 月 13 日于成都

目　　录

第一章 羌族概述

受"5·12"汶川特大地震和雅安芦山地震的影响，四川省阿坝藏族羌族自治州羌族聚居区的村落环境和传统建筑受到了较大的破坏，导致当地大量的传统村落消失。灾后为恢复羌族人民的生产生活，近几年来那些消失的村落又重新被建造和仿造出来。与此同时，目前从事探究羌族的研究者增多，出现的成果数量也不少，可是基于场所微气候相关理论有针对性地研究羌族传统村落环境较为稀少。因此，本书将以此为方向，系统地简述羌族历史发展及相关内容，以此来探究羌族人民营造适应居住环境的各种形式。

一、羌族历史简述

羌族是我国一个历史悠久的少数民族，被誉为华夏古老的民族。据说它发端于西北地区的游牧民族，自称"尔玛"①，逐草水而居，随牛羊而迁，过着居无定所四处放牧的生活。史书《说文解字·羊部》记载："'羌'西戎牧羊人也。从人，从羊，羊亦声。"[1]夏朝之前，华夏人一直称他们为西戎牧羊人，在夏朝及以后，则称他们为"羌人"。羌族学者耿少将著的《羌族通史》中也有同样表述："华夏人群将居住在河湟等地区的'西戎牧羊人'称为'羌'。"[2]而羌族研究者季富政撰写的《中国羌族建筑》一书中载："据说是汉族的前身——'华夏族'的重要组成部分，远古时它的若干分支逐渐演变成藏缅语族的各个民族。因此研究藏、彝、白、哈尼、纳西、傈僳、拉祜、景颇、土家等民族的历史，都必须探索它们与羌族的关系。"[3]这足以说明羌族及其历史的重要性。

3700多年前的殷商时期，羌族人聚居在我国西部和北方一些地区，他们与多个部落、民族来往密切，相处融洽。然而因气候条件不佳，以牧业为生的羌族人无法得到足够的植物和水源，他们只能远游其他地区，分成多股线路迁移。西向到达新疆地区的部族，东向到达陕西一带，北向到达青藏高原，西北方向到达黄河上游、湟水、洮水，南向到达四川岷江流域等地区。这时期主要向甘肃的河湟地区迁移较多。史书记载，殷商时期羌为其"方圆"之一，有首领担任商朝的官职。大部分羌族人虽以游牧为生，但也有从事农耕生产的。如甲骨文卜辞中就有"羌"的诸多记载，表明这段时期，羌族人与商朝是有很多来往的，并且羌族人的迁移除了气候的影响外，还有政治

---

① "尔玛"来自《中国地理简单学》中的表述："羌族自称尔玛，意为本地人。"

和社会经济的影响。

11 世纪后，羌族大多已融入汉族所辖的地域，以"姜"姓出现，与"羌"族一致，但有男女之别。冉光荣与多人合著的《羌族史》阐述："实际上羌和姜本是一字，'羌'从人，故为族之名。'姜'从女，作为羌族人女子之姓。"[4]该姓的出现，让部分羌族人正式融入周朝的政治和社会中。公元前 5 世纪，羌族人在我国的甘肃东部建立了独立王国，被称为"义渠国"，成为春秋战国时期，诸国联手抗秦的主要力量，部分羌族人因战争融入当时的各国。到了秦朝，因气候和战争，羌族人继续迁移，部分羌族人融入秦国，少数羌族人在甘肃与青海黄河上游、湟水流域生活。

汉朝在少数民族的军事要地上设置了地方行政机构，以护羌校尉官职管辖羌族人事务，使大量的羌族人从西北方向内迁汉地，又因西部气候，他们与当地人混合居住、通婚，开始了封建社会的生活。而未进入汉地的部分羌族人，定居在我国西部的新疆和西藏等地，南部的四川安宁河流域以及雅砻江下游等地。据羌族人流传的"羌戈大战"[4]就发生在这一时期，传说羌族人祖先在向南迁移的过程中，在岷江流域上游遇到一支当地土著戈基人的顽强抵抗，因此迁移的羌族人难以通过，双方发生了激烈的战斗。据相关学者解析，戈基人正是很早来到这个地域居住的羌族人。迁移的羌族人用白石作为武器，打败了戈基人，得到了他们想要的聚居地，后来羌族人就把白色的石块当作羌族的神来供奉。其实这个时期，并不是因为战争而使羌族人南移，从历史资料查证，当时西北高原的气候干旱，沙化严重，因气候恶劣，人畜均无粮草，所以部分羌族人才踏上南迁和北迁的路途。

唐朝的强大使周边羌族人不断迁入。7 世纪，松赞干布统辖西藏，建立了吐蕃。之后唐朝与吐蕃之间的战争频繁发生，一部分羌族人又被融入吐蕃成为藏族的一部分，生存于夹缝中得以保存和发展。宋代羌族人聚居生活在岷江流域的高山、河谷，他们筑碉设哨，形成大规模、形态独特的防御性聚落，既能适应气候又能防御掠夺，这些羌族人成为现在羌族的雏形。另一部分发展成为藏缅语族的多个少数民族。至元代，羌族人得到较大发展，并大规模地融入汉族，迁移到蜀地高原与河谷地带，营造出顺应地势、适应气候的各种形态聚落。明清时期，羌族在全国聚居的格局已基本形成，有了成熟的营造体系和设计理念，以及行业的传承规矩，各种村落形态丰富多样，形成适应当地气候条件的营造做法，保证了羌族在几千年的历史进程中，坚持留住民族的室内环境营造特色，不断地创造出安全舒适的室外环境，让本民族在恶劣的自然环境与各种战争中生存延续。

二、羌族的自然环境条件

（一）气候气象条件

羌族人居住的区域主要在四川省阿坝藏族羌族自治州的汶川、茂县、理县、松潘、黑水和绵阳市的北川羌族自治县与平武县域。那里晨雾弥漫，气候多变，雨量充足，地域海拔为 1000～3000m，山丘海拔多在 4000m 左右。高峻的山脉与多雨的条件，使羌族人聚居地区成为高原季风气候区。羌族因长期生活在云雾缭绕的环境中（图 1.1），又被称为"生活在云朵上的民族"[5]。这也从另一个角度说明了当地山高和自然环境的恶劣。

羌族地域的气候十分复杂，垂直差异性显著，昼夜温差大，白天平均在 27℃，到了晚上却下降至 10℃ 左右。在岷江的河谷地带，全年气候为 11～16℃，降雨量为 490～525mm，无霜期为 235 天左右。年日照时长为 1700 多个小时[6]，非常适宜农作物和树木的生长（图 1.2）。茂县年平均气温为 11℃，汶川县年平均气温在 13℃，理县年平均气温为 11.5℃[7]，北川年平均气温为 15.6℃[8]；羌族居住地域全年最低气温在松潘县，为 −21.1℃，而其他地区均在 −10℃，地域内最高气温在北川，为 35℃，其他县域普遍在 29℃ 以下[9]；无霜期为 200 余天[10]，总体来看，降雨量从东南向西北递减，为 1300～400mm。日照方面，松潘县的日照时间较长，为 1827.5h，全年日照百分率为 42%[11]，近一半的日照量，总辐射量达到 115.6kcal/m² (1cal＝4.19J)。整个羌族区域由于受龙门山脉阻挡，从太平洋吹来的海洋性季风难以进入岷江峡谷区域，峡谷窄而深，阳光无法长时间直射到底面，导致河谷底面空气温度低而均匀。每天中午阳光照到近河谷的地面和丛林，使其气温升高，吹来的大陆性冷空气在此与它相遇，冷空气沿山坡向下沉，进而空气温度变低，峡谷底部热空气向上运行，造成循环流动，这就形成了各支流河谷每天的午时风。

图 1.1 云雾缭绕的羌族传统村落①

图 1.2 羌族聚居村落保持了较好的生态自然环境

岷江流域是羌族人聚居主要的生活流域，它发源于松潘县弓杠岭南麓的隆板沟，横穿甘孜藏族自治州南北，从茂县太平场进入，再由汶川县漩口直流入都江堰，这一段长 200km 以上，又被称作汶江或都江，属于长江支流，整个河流长度为 711km，被分成 3 段。上游是羌族地区的都江堰，中游是从都江堰到乐山一段，下游是从乐山到

---

① 本书图片除注明出处以外，均为笔者自绘或实地拍摄。

宜宾。上游支流还有黑水河和杂谷脑河、渔水溪、白沙河、大渡河等。黑水河位于阿坝藏族羌族自治州的黑水县和茂县境内，是岷江上游最大的支流，全长 122km，流域面积 7240km²；杂谷脑河古名沱水，是经理县和汶川县境内的一条河流，全长 158km，流域面积为 4629km²；渔水溪发源于卧龙乡西南仪水交界的巴郎山东坡，由西南流向东北再到耿达乡龙谭磨石沟村附近，然后转向经卧龙、耿达、映秀，汇入岷江。全长约为 89km，流域面积为 1690km²，其余支流的小部分或经县域旁流过，它们对羌族聚居地区有影响作用[12]，但不是主流，而前面 3 条支流才是真正起主流的作用。单就其水量，3 条支流已完全满足该聚居区羌族人民的生活、劳动，更满足该峡谷的自然资源需求，它们提供了湿润、温和的气候，森林面积大，植物和生物品种多，存活率高，保持稳固的沙壤土和森林土、黄土，对高山地区土壤又赋予了更多的生机，那里的土壤由褐色土、灰化土、草甸土、冰冻土等组成，为高海拔地区的村落营造提供了必要的建筑材料。从羌族人聚居地区整体来看，高山寒冷干燥，河谷带温和湿润，形成了在高山气压低于河谷地带，有了气候多变，辐射强度大、时间长，风速快、风向明确，而河谷辐射直射短，强度小，风速慢，风向易变化的气候特点。

　　下面就羌族聚居地区的县域分别做一个自然环境和气候特征的梳理（图 1.3），为后面微气候因素影响下的村落环境营造表现提供铺垫（表 1.1）。

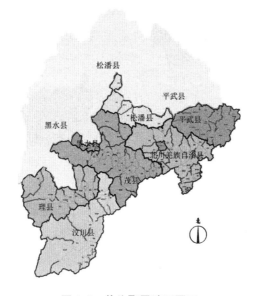

图 1.3　羌族聚居地区图示

表 1.1　羌族聚居地区七个县域气候因素统计

县域名称	平均温度（℃）	年最高/最低气温（℃）	平均日照时间（h）	无霜期（天）	风向	降雨雪量（mm）	海拔（m）	气压（Pa）	风速（m/s）
汶川	13.5（北）14.1（南）	30/0	1693.9～1042.2	247～269	西南风、西北风	518.7	1236	72600	2.8

续表

县域名称	平均温度（℃）	年最高/最低气温（℃）	平均日照时间（h）	无霜期（天）	风向	降雨雪量（mm）	海拔（m）	气压（Pa）	风速（m/s）
茂县	11	34.3/−11.6	1549.4	215.4	东风、西北风、东南风	532.9	1580	92100	2.6
理县	11.6	28/−2	1680.4	223	东南风	626	2700	81000	1.5
黑水	9	33.5/−14.4	1734.9	166.1	西北风、南风	617	3544	75000	1.9
松潘	5.7	29.0/−21.1	1827.5	50	西北风、南风	720	2849.5	72100	1.6
北川	16.6	35.5/−2.7	1063.7	290	旋转风、西北风	1807.5	1200	95000	1.5
平武	14.8	37/−6.6	1376	252	旋转风、东北风	866.5	865	91500	0.6

注：数据根据各县志的气候资料整理而成。

1. 汶川气候

汶川县冬季严寒，夏无酷暑。整个南面潮湿，如漩口、映秀等地；北面干旱，如威州、绵虒等地。光、热、水分布不均匀。整个气候为暖温带季风气候，呈垂直表现。全县域海拔在 2000m 以下的地区，年平均气温为 13.5℃（北）和 14.1℃（南），相对湿度为 69％。全年无霜期为 247～269 天，降雨量为 528.7～1332.2mm，全年日照时间为 1693.9～1042.2h，这种气候适合该地区农作物与树木生长。县域海拔为 780～6250m，县城海拔为 1236m，气压均为 72600Pa，全年无可持续风向，但 2011 年 1 月至 2019 年 9 月出现可持续风向 1203 天，西北风 793 天，其他时间因风向不明确，全年风速较小，为 2.8m/s。

2. 茂县气候

茂县受到从西部吹来的大陆性季风与印度洋西南风向的影响，形成温带季风性气候。由于地处高原边缘，该风向也被称为高原性季风气候。茂县受风向的影响，风速快、风力大，同时也影响了当地的空气温度和湿度，造成当地局部气候复杂的情况。茂县日照十分充足，降水量少，气候较干燥。四季明显，冬季寒冷，全年最低温度为 −11.6℃；夏季凉爽，最高气温为 34.3℃，年平均气温为 11℃ 左右。年平均日照时间为 1557.1h[13]，全年无霜期为 215.4 天。茂县是一个气候影响下地质灾害频发的地区，这里春、夏、秋多雨，常常会因下暴雨导致洪水和泥石流的发生。地理上茂县属于龙门山断裂带范围，年降水量为 532.9mm，相对湿度为 72％。

3. 理县气候

理县属于山地型立体气候，是高原性季风气候。理县位于龙门山断裂带中段，其境内的地势起伏大，属于山地地貌，这里春季、夏季降水量大，当地政府官网"基本县情"显示，"年降雨量为 650～1000mm"[14]。冬季无霜期短，大约为 223 天。河谷地常年平均气温为 6.9～11℃，年平均温度为 11.6℃。年最高温度为 28℃，出现在全年的 7 月或 8 月；最低温度出现在 1 月或 12 月，分别为 -2℃和 -1℃。全年平均降水总量大致为 626mm，全年最高的降水量在 6 月，为 113mm；最少的降雨量在 12 月，平均为 2mm，平均相对湿度为 64%。县城全年主要的风向为东南风，9 月较明显。全年平均日照时数为 1680.4h，日照时间长，适合各种植物生长，森林覆盖率为 30.07%，植物有冷杉、柏树、桦树、铁杉、油松和落叶松等。

4. 黑水气候

黑水县属于中温带高原性季风气候，干旱和雨季区分明显，年温差较小，日温差较大，随海拔高度而有差别。当地政府官网显示，"高山与河谷年平均气温差值达 20℃，县城平均气温 9℃，年极端最高气温 33.5℃，极端最低气温 -14.4℃"。全年平均降水量为 617mm，相对湿度为 64%。无霜期为 166.1 天。全年夏季降雨集中，雨量大；秋季雨呈绵绵细雨状，并出现暴雨、冰雹、洪水、泥石流等自然灾害。太阳辐射强，日照时间也长，为 1734.9h，这种气候保证当地水果和蔬菜等植物的生长。全县森林覆盖率达到 35%，有助于当地人从事建设活动，当地建筑以木料为主。黑水县的风向多为西北风和南风、西南风[9]，全年风速平均为 1.9m/s，最大风速为 15m/s，全年平均气压为 75000Pa。

5. 松潘气候

松潘县地形较为复杂，气候随地形和流域变化，涪江周边湿润多雨，岷江流域少部分出现干旱少雨现象，大部分地区潮湿寒冷。松潘县冬长夏短，春秋两季几乎直接相连，四季不是很分明。年平均气温为 5.7℃，最高气温为 29.0℃，最低气温为 -21.1℃。相对湿度为 64%，在雨期来临时能达到全年总降水量的 72%，年平均降水量为 720mm。全年日照时间大概为 1827.5h。以县城数据为参考，全年风向是西北风偏多，北风和南风次之，风速为 1.6m/s。总体看来，该县域仍然无持续风向。全年的无霜期为 50 天，这与松潘县地理与海拔高有关。松潘县全年平均气压为 72100Pa。这些气候条件使松潘县域林地覆盖率达到 37.2%，促进了木石结合的聚落与建筑形貌。

6. 北川气候

北川羌族自治县是我国现今唯一的羌族自治县。2018 年羌族自治县政府官网公布，全县年平均温度为 16.6℃，比常年略升高 0.8℃，全年最高气温 35.5℃，最低气温为 -2.7℃。全县炎热的天数大约为 57 天，整个温度相较其余羌族聚居的县城偏高，气压随之偏高为 100000Pa 左右，相对湿度为 75%，全年的平均日照时间为 1063.7h。全年总的降水量达到 1807.5mm，易产生自然灾害，2018 年，当地就出现过大暴雨天气，导致山洪、泥石流发生，影响农作物的生长。

北川羌族自治县全年无霜期为 280～300 天，平均为 290 天。该县域的全年风向主要是无持续性风向，受当地地形和微环境影响，变化较大，主要以旋转风为主，其次是西北风。全年平均风速为 1.5m/s，气压为 95000Pa。北川整个地域植被呈带状分布，较其他羌族聚居县明显，从低海拔到高海拔分别为黄壤和常绿阔叶林、黄棕壤和常绿落叶混交林，以及高山上的草甸，保证了树林的茂密。该县森林覆盖率高达 63.43%，比其他羌族聚居县的面积大。

7. 平武气候

平武县属于河谷地带的亚热带山地湿润性季风气候，东南向西北的中段高半山地区属于温带气候，高山地区属于亚寒带气候和寒带气候。县域总体气候比较温和，年平均温度为 14.8℃，年最高气温为 37℃[15]，极端最低气温为 -6.6℃，年平均相对湿度为 72%。县域内雨量充沛，年平均降水量为 866.5mm，最高值在 7 月或 8 月，为 1161.4mm，最低值是 397.3mm。全年日照充足，年平均日照时间达到 1376h，足够的太阳辐射、充足的降水，满足了植物的蒸发量，保证县域各种植物生长。县域气候春、夏、秋、冬四季分明。全年多云少雾，无霜期达到 252 天，足以表明该县域气候高于部分羌族聚居地。全年呈现无持续风向的情况，风向不明确，是旋转风，但是某一段时间也有东北风和西南风吹过，风速较小，为 0.6m/s。整体看来，平武县的全年气候呈现多阴天和闷热的特点。

（二）地理地形条件

羌族聚居的七个县域位于青藏高原东南部边缘，东经 100°0′～104°70′，北纬 30°05′～34°9′。那里高山险峻，重峦叠嶂，山谷深幽，可以说是高山峡谷地带。同时那里江河众多，水流湍急，水资源极为充沛，孕育了种类繁多的树木，呈现森林面积大、不缺木材的优势（图 1.4）。羌族聚居区地形复杂，层次丰富，起伏较大，由盆地至山丘再到高山和高原，中间过渡带植物种类丰富，有近万种，如香樟、楠木、桦木、松树等。还有珍贵的动物，如熊猫、金丝猴等。丰富的地形伴随着水源充沛的江河支流，有湔江、岷江、涪江、大渡河和杂谷脑河等百条支流，形成峡谷高深、山高路险的地势，是农耕牧场兼有的综合场地。

图 1.4　森林覆盖面积大的羌族聚居地区地貌

　　羌族人生活的这些县域均在青藏高原东南边缘，各县域面积大小不均，部分县域羌族人较少，譬如平武县和松潘县、黑水县，这也反映出羌族聚居地区，由东南向西北递减，人口相应减少，地形也是从复杂的高山到平缓的高原。海拔上更是反映由低向高的特征，从平武县的865m上升到黑水县的3544m，海拔高度伴随着地貌的不同，又呈现森林覆盖广，低海拔地区气压高，植物茂盛、密集的特点，建筑所用的树木多，有了北川与平武的穿斗式结构民居和聚落形式（图1.5）；高海拔地区是石材和土壤的增多，森林面积逐渐变小，又产生了以土石混合砌筑的建筑，或单种夯土浇筑的民居与聚落形态，如松潘县的庄房和茂县的碉房（图1.6）。地貌上，河谷地带为沙土；森林地带为棕色有机土壤；高山地区为黄土和黄泥石子黏土；到了高原地，海拔在2500m以上，主要是褐色土、灰化土、草甸土、冰冻土等土壤。

| 图1.5　北川的穿斗式结构民居 | 图1.6　松潘双泉村民居 |

　　整个羌族聚居区都位于龙门山断裂活动带，1933年，叠溪发生大地震，使岩石泥沙堵塞，岷江河淹没了叠溪城市，造成水面增高，原地形上升，周围的自然风貌出现新的林区和聚落形态。2008年，汶川发生大地震，山石滑坡，泥土塌陷，水位上涨，再一次改变了羌族聚居区的地形地貌。因此，羌族聚居区在历史上一直饱受自然灾害的破环，自然环境不断变化，羌族人民也在不断地适应和创造着人居环境，这些自然灾害的出现从侧面反映了羌族人民生存环境的恶劣和他们战胜困难的创造力。羌族聚居区的地形被分成三类，第一类是低海拔的河谷型，第二类是高原平缓型，第三类是高山峡谷型，相应的传统村落环境营造也依照这三种类型归类分析。

　　羌族聚居区西起汶川卧龙自然保护区，东至北川县与绵阳安州交界处，南接汶川漩口区，北达松潘县南部，整个面积大约为15000km²。羌族聚居区有岷江、黑水河、杂谷脑河等多条河流穿过，江河宽窄不一，水流湍急，山脉重叠，垂直陡峭，山谷的高差达到4000m。河谷有冲积的谷地和坝子，面积窄，山腰间层层的谷地紧凑，耕地面积仅为2.65%，主要是林区，有一定的种植业基础。西北大面积的羌族聚居区在阿坝藏族羌族自治州，那里以高山和高原地形为主，高山类有岷山主峰雪宝顶，其海拔为5588m，山顶常年白雪皑皑，冰雪覆盖，山下是平缓的绿甸，海拔稍低的地带有许多大小不一的古冰斗，它们形成了大大小小的湖，当地人称其为"海子"；九顶山海拔为5190m，是龙门山山脉的主峰；邛崃的梦笔山、虹桥山等，海拔均在4300m以上。整个羌族聚居区山峰叠嶂，垂直性地貌造成羌族人民的垂直性农业发展。在河谷地带海拔为1000～1500m，以农耕为主；半山型或高半山型是森林区，海拔在1500～2500m；在西南至东北是高山型的草原地带，海拔在2500m以上，主要是西北与藏族聚居区接壤带，那里是半牧半农地带。纵观羌族聚居的地形地貌（图1.7），可以说是非常复杂，细微、深入地了解该民族聚居地区的地理地貌状况，可为场所微气候影响的聚落营造进一步做好补充。

图1.7　羌族聚居地区的地形地貌图示

自然气候条件和地理地形条件是人工环境形成的重要影响因素，它们决定着人类聚居的村落环境和建筑环境的安全、舒适和健康，因此，本节前面从羌族七个县域的自然气候方面阐释了传统村落环境所受到的制约。通过归纳列表、对比各个气候条件，进而反映各自的气候特点。又从羌族传统村落环境所在的地形、地势方面继续分析选址原因，最终为影响羌族传统村落环境形成结果产生必要的作用。由此可知，这些自然条件是不可回避的研究基础。

1. 汶川地理

汶川县位于四川省的西北部，川西高原和阿坝藏族羌族自治州的东南部，南距四川省会城市成都市约132km，北离阿坝藏族羌族自治州的马尔康市202km。汶川县东南宽84km，南北长105km，县域面积为4084km²。汶川县风光秀美，景色独特，据说是华夏始祖大禹出生之地，为全国羌族人聚居地之一。地理位置：北纬30°45′～31°43′，东经102°51′～103°44′[16]。

2. 茂县地理

茂县位于四川省西北部，西南与汶川相接，东与绵阳地区的北川羌族自治县邻接，北面与松潘县相邻，南接德阳市的什邡县，西毗邻理县、黑水县，距成都市

160km，是阿坝藏族羌族自治州通往成都市、德阳市、绵阳市的交通枢纽，其地理位置尤为突出。茂县县域海拔最高为 5230m，最低为 910m，县城海拔为 1580m。由于海拔高低相差极大，达到 4000 余米，垂直气候和地区性气候十分明显。茂县位于自治州的东南部和青藏高原的东南边缘，地理位置：北纬 $31°25'\sim32°16'$，东经 $102°56'\sim104°10'$。全县东西长 116.62km，南北宽 93.73km，面积为 3903.28km²，是全国羌族人口最多的县。

茂县的地势、地貌主要以高山峡谷为主，从东南向西北升高，最高山峰为 5230m，最低河谷为 910m，河谷多呈 V 字形截面形式。茂县自然资源十分丰富，主要有营造村落的松树、柏树和杉树等植物，林地占县域面积的 67.5%，耕地占 2.61%，草地达到 21.6%。

3. 理县地理

理县位于四川省西部，青藏高原东部，东与茂县、黑水县相邻，南与汶川县相连，西北与马尔康市、红原县相邻，西与小金县连接，距成都市 200km，离马尔康市 190km。理县县域最高海拔高度为 2700m，县城海拔高度为 1888m，地理位置：北纬 $30°54'43''\sim31°12'12''$，东经 $102°32'46''\sim103°30'30''$。全县总面积 4318.36km²。

4. 黑水地理

黑水县位于阿坝县藏族羌族自治州中部，北与松潘县相连，东接茂县，西连红原县，南与理县相邻，距成都市 284km，离马尔康市 176km。该县域总面积 4356km²，东西长 85km 左右，南北宽 72.5km，地理位置：北纬 $31°35'\sim32°38'$，东经 $102°35'\sim103°30'$。县城海拔高度为 2350m，平均海拔为 2544m，县域内最高海拔为 5286m，最低为 1790m，其高低差超 2000m。县域内群山绵绵，山峦起伏，河谷深幽，保留了相对古老的民族建筑。

5. 松潘地理

松潘县位于青藏高原的东部边缘，明朝在此地设置了"松州卫"。县域面积为 486km²，东接平武县，南邻茂县，西接黑水县，北面是九寨沟县。县城南北长 112.5km，东西宽 180km。地理位置：北纬 $32°06'\sim33°09'$，东经 $102°38'\sim104°15'$。松潘县城距成都市 335km，与马尔康市相距 431km。县域内海拔平均高度为 2849.5m，最低海拔位于白羊乡棱子口，为 1080m；最高处的海拔在岷山主峰雪宝顶上，为 5588m。松潘县域地貌差异明显，地势上从东南的高山向西北丘状高原方向上升，呈东西低、西北高的走势，地形可分为西北高原和东南高山峡谷两大部分。松潘县的羌族传统村落较少，是目前调研中羌族传统村落最少的县。

6. 北川地理

北川羌族自治县隶属于绵阳市，位于四川西北部。其东邻江油市，西接茂县，北连松潘和平武两县，南邻绵阳安州区，整个县域面积 3084km²，距离成都市 125km，与绵阳市仅 23km，十分近。北川地理位置：北纬 $31°35'\sim31°38'02''$，东经

104°26′15″～104°29′10″。北川县城东西宽 84km，南北长 105km，平均海拔约为
1600m。县域的平均海拔为 1200m，最高峰的海拔为 4769m，最低海拔为 540m。地势
呈西北高、东南低，由东南向西北上升 46m 的高度。北川相较阿坝藏族羌族自治州的
羌族聚居区而言，地势较为平缓，属于龙门山脉系，其沟壑纵横，地质结构为大地构
造的杨子准地台与松潘至甘孜地槽褶皱结合部分。

7. 平武地理

平武县地处四川西北部，在青藏高原的东南边缘地带，涪江的上游地区。该县域
东接广元市青川县，西连松潘县，南邻北川羌族自治县，北与甘肃省界相接，整个县
域面积为 5974km²，西南到东北最窄为 78km，地理位置：北纬 30°59′31″～33°2′41″，
东经 103°50′31″～104°58′13″。整个县域呈西北高、东南低，县域最高海拔是岷山主峰
雪宝顶，为 5588m，最低海拔是涪江二郎峡椒园河谷，为 600m，平武县域平均海拔
为 865m。平武县是典型的山地地貌，矿产资源丰富，有金、银、铁、大理石、石灰
石、花岗岩等建筑材料。县域内水资源丰富，有嘉陵江的最大支流涪江贯穿县域，以
及清漪江、夺补河等涪江支流 15 条，溪流 428 条。县域内森林覆盖率较高，已达到
71%，树种主要以银杏、苏铁、连香树、杜鹃、平武藤山柳、云杉、冷杉、楠木、桦
木、香樟为主。

三、羌族的建筑材料与建筑结构

（一）建筑材料

村落环境设计的实施，必然离不开各种材料和结构，材料是传统环境设计中最基
本的要素。传统村落环境由村落的各个建筑外部环境
场所、环境元素，以及建筑内部的各种空间构成，并
有村落外部的过渡空间。这种空间层次的形式包含着
羌族人民的智慧和血汗，他们为此付出了一代又一代
的艰辛劳动，创造了形态各异、高耸细长的碉
（图 1.8），顺山势而建的村落环境形式，各种场景与
周围自然材料的质地一致，仅形态不同，充分表明羌
族人民营造传统村落环境的材料是自然的，仅来自
山、石、土、木。

传统村落环境的营造材料，是由自然地质与气候
以及时间等多重要素交织作用下共同形成的。它们早
已适应了当地的气候和环境，有耐寒、防变质的特
点。因此，在过去交通条件差、信息技术不发达的时

图 1.8　羌族高耸细长的碉

11

代，就地取材是最佳的选材方法，也是节约能源、保护环境、发展经济的做法，古代人将这一做法严格遵循，无论是东方还是部分西方，以及古今各个地方，许多民族都延用至今。可以说，在 20 世纪初现代理论产生前，这种方法一直是建筑室内外环境设计考虑的先决条件。从西方的古希腊爱琴岛海域沿岸的雅典卫城的环境设计，建筑采用石材顺应地势，场所也随势布局，室内环境采用石、铜、金、银装饰，到近代西方的新古典主义和折中主义，室内环境设计大量使用石雕刻、木质隔断、金银铜的构件装饰，无不体现应用当地材料的营造理念。我国这种做法更是不胜枚举，每个地区的人民都用当地材料建造了多样的村落环境艺术，从福建客家人的土楼室外环境的中心环形布局到西南羌族依山崖而建、顺地形而落的做法，都具有适应气候，注重隐蔽掩藏的特征，他们建造了以当地石、木、土结合的村落环境空间，而在汉族地势平坦的徽州黟县西递、宏村，依然能见到在当地气候影响下，大型传统村落的环境设计，它们具有经济、便捷、日照好的特点，当地人就地取材，营造出优秀的传统村落实例。

因地而选择适宜的环境材料，其做法早已烙上了忠于气候、节能、节材、节时的可持续设计的印痕。村落环境营造的材料，过去主要为原地的自然材料，常见的有石材、泥土、木材、竹材、稻草和经过晒晾烧制的青砖、陶瓦、土坯砖，以及铜、铁、银等材料。这些材料取、采和加工方便，使用的工具也较为简单、经济，不需要大量的人力、财力和艺术研究。虽然生态粗拙，却成为普通百姓使用的主要环境设计和营造的材料。但对经济条件好、地位高的羌族土司或释比，则建造的材料较丰富，常用金、银、铜、砖美化。这些传统材料被各地使用，用途由材料本身的物理性质和当地的气候以及地势环境的特性所决定。石材质地坚硬，承重和抗压性强，蓄热的物理性好，一直被全世界各地所采用。譬如，西方的罗马石砌建筑和平铺的圣马可广场，我国北京的爨底下村落石砌民居和平铺的街巷道路、胡同路面、室内地面等（图 1.9）。在羌族地区，石材主要被用于建筑的基础、墙体、室内铺地、祭祀台和作为神的象征，以及台面、火塘基础、三角石架、灶、楼梯、柱子。室外用作台阶、道路、坝子、广场、挡土墙、护坡、驳岸、围墙、基础石阶等。石材无论用于何位置，都能适应气候，冬天有挡风隔潮、传导热的功效，夏天有防晒隔热、纳凉降温的作用，它还不怕雨水浸湿，有适宜雕琢和循环利用的优点，这方面羌族传统碉房表现得尤为突出。在修缮羌族碉房的过程中，羌族人常利用倒塌房屋或废弃房屋的石块进行房屋的修整，使其房屋

图 1.9　爨底下石砌的民居

坚固完好，这种思想和做法正是可持续的体现。

关于泥土，在《中国古代建筑史》绪论中，梁思成先生曾说："土木"，"土"和"木"是中国古代建筑使用的最基本的两种材料[17]。梁先生认为中国古代建筑中善于使用土、木两种材料的原因在于华夏文明的发源地——黄河流域，远古时期那里的生态环境较好，黄土高原的泥土很适合建造活动，而树木也茂盛，具备丰富的木材来源，这两种资源对中国传统建筑的形成和发展起着决定性的作用。在宋代李诫著的《进新修（营造法式）序》中，他认为"五材并用，百堵皆兴"[18]，这里"百堵"是指大量建造，全句意思是采用土、木、砖、瓦、石，大量兴建非常兴盛。古人早已谈到大量的建造活动是用土、木等材料，强调了土和木的重要性。后来李允鉌在著作《华夏意匠》中指出"五材"泛指一切材料，具体到建筑上，可以附会说是"土、木、砖、瓦、石"[19]。在《传统材料与当代建筑》一书中，作者郑小东对"五材并用，土木并重"[20]进行了解释，他认为，"土木"与"五材"两者并不矛盾，"土木"的引申和扩大化的意思，可涵盖"五材"的范畴，只不过古人认为，"五材"中砖瓦是由土烧制而成的，石又来自大地，砖、瓦、石都应归结于土类，而木源于植物，于是古人把竹、藤、草、木、苇等都归结于此类，从而按照古今专家对传统材料的理解与阐述，已完全知道土的特性和木的含义，两者在建设中的地位是非常重要的。

泥土是天然的，源于地球的表面，是人类赖以生存的物质条件，也是地球在经历长时间的气候和地形影响的生物等环境下，由岩石经过风化之后的产物。泥土的组成部分一般包括矿物质、有机质、水分和空气等几类物质，它能够不断地供给和调节植物生长所需要的水分、空气、养分与热量，使泥土保持稳定、均匀、充足和适度，同时能在一定程度上抵抗恶劣的自然条件和气候影响，适应植物成长的需要，还能适应复杂变化的气候环境。泥土实际上是粉质的黏土、潮湿的黄土和夹碎石或卵石的沙，以及混卵石粉土的植土。试验表明在建筑中使用这种土壤，它的坚固系数可达到 $0.6\sim0.8$。这些土常作为填土，与其他建筑材料相比，它具有散体性、自然变异性和多样的特点。土是由颗粒、水及气体共同组成的，土的内在密度的高低决定了其强度的大小。细粒的土，含水量多时，土质软；含水量少时，土质变硬。粗粒土的成型和黏结性普遍较弱，而羌族地区位于高山，其泥土正是细粒的黏结性土，这种土的稠度大。稠度是指黏结土的软硬程度、土对外力引起的变形或破坏的抵抗能力体现。这已说明羌族地区村落环境中土具有很强的稠度，其含水量又适中，羌族地区才会用泥土作为黏结材料黏结各种大小的异型石材，构筑成房屋的情况（图 1.10），否则该民族地区不可能出现坚固而高耸的碉、碉房。这种土完全是以当地空气所含的水分和植物根茎，动物腐烂后的皮毛、肉质合成的。

木材是指树的躯干部分，它较早地就被用于建筑环境营造中。木材属于天然的材料，其性能稳定，对热、声、电的传导性较低，弹性和塑性大，具有很强的抗冲击性和承重性能，易加工，适应环境的能力较强（图 1.11）。无论是在干燥的环境还是被置于水中，它都具有耐久性强的优点，以及纹理优美的特质。然而木材容易吸收湿气和水，会导致其形状和尺寸、强度等物理及力学性能发生变化。它还有天然构造不均匀的缺点，在干湿交替频繁的环境里易造成耐久性差、易腐朽、易燃烧，以及生长病菌的问题。木材与其他传统的石、土、砖、瓦、铁等材料相比，具有导热性能差、导热系数小的特点。曾经有人用木板和钢板、瓷砖、地板做了一个试验，测出冬天脚踩在地板上，脚下的温度下降程度较弱，为 $1 \sim 2℃$，而踩在钢板上，脚底温度下降到 $5℃$ 左右，踩在瓷砖上，脚底温度下降 $2 \sim 3℃$[21]，可见，木地板的人体触感舒适性要远远好于其他材料。衡量木材强度在建筑上是以强重比为依据，以钢材、木材、烧结砖进行比较，可知木材具有强重比较大的优点（表1.2）。

图 1.10　泥土夯筑的羌族民居泥墙

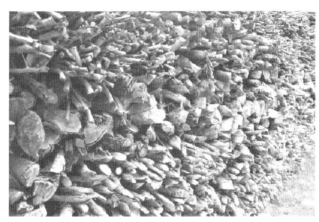

图 1.11　羌族地区备用的建筑木材

表 1.2　各种材料强重比分值表

材料	强度（MPa）	密度（kg/m³）	强重比
钢材	400	7800	0.05
烧结砖	30	1800	0.017
木材	100	500	0.12

注：数据根据王清标等人编写的《土木工程概论》[22]的内容整理而成。

　　表1.2显示木材在这些传统材料中的强重比是最大的，木材的强度较烧结砖大，却小于钢材，密度是三者中最小的。由此可以看出木材是众多传统材料中最轻的材料，但强度不是最小的。

　　木材的装饰性较好，它具有柔软、质朴和纹理美观的特点。木材是由不同树种经加工提供的营造环境的天然材料。这些树种有针叶树和阔叶树，针叶树的纹理平直、质地均匀、偏软，容易加工（图1.12），其自然变形小，在建造上一般作为承重的构件和室内环境设计的装饰材料。譬如杉树、松树之类。而阔叶树则是质地紧密、偏硬，纹理较针叶树种变化丰富。在环境施工中常用作室内装饰的表面材料，或者用于制作家具，如纹理多样，曲线优美的水曲柳就有这样的优点。木材强度由四个要点构成，分别是抗弯、抗压、抗拉和抗剪，同时，抗压强度与木材质地的纹理方向有关，如果与纹理方向一致，那么其强度最大，反之强度最小。其强度与木质纹理见表1.3。

图1.12　羌族地区满山多样的树林

表1.3　不同纹理木材的强度

内容	抗压		抗拉强度		抗弯强度	抗剪强度	
1	顺纹	横纹	顺纹	横纹	—	顺纹	横纹
2	1	1/10～1/3	2～3	1/20～1/3	3/2～2	1/7	1/2～1

注：王清标. 土木工程概论［M］. 北京：机械工业出版社，2013.

抗压是指物体所受到外力施压时的强度极限。抗拉强度是指物体在拉断前所承受的最大应力值或最大的承载能力。抗弯强度指材料所能抵抗弯曲而不断裂的能力。抗剪强度是指材料在剪断时所产生的极限强度，也可以说是抵抗剪切破坏的最大能力。羌族聚居地区村落环境营造的木材都来源于高山树林，那里主要生长杉树和松树、桦树，这些树种一直是羌族传统村落环境营造的首选。如室外环境设计的公共设施，晒玉米和辣椒的架子（图1.13），室内的柱子、梁、地板、屋顶等。羌族地区寒冷，湿度略高于青藏高原地区，又时常下雨，因而木材不易变形，持久性好。因此，在羌族地区出现许多木材反复利用的情况，有的木板使用的时间可长达50年以上，这反映了羌族节约材料的可持续观念。

图1.13　晒玉米和辣椒的架子

羌族聚居区村落环境设计的施工材料，基本上是土、木、石，相对的砖、金、银、铜、铁等贵重材料都较少运用，过去这些昂贵材料仅在个别土司的碉房中出现，并不普遍（图1.14）。受到适应气候的节约观念制约，羌族传统村落建筑装饰物极其稀少，即使在室内环境也较少见到。所以村落环境和室内环境凸显出质朴、自然的特点。羌族村落环境使用的是自然材料，反映羌族人节能环保、遵循气候的运行规律，这是他们始终不变的信念，更是泛神论产生的信仰根基。

图1.14　重修后的羌族土司碉房

（二）建筑结构

羌族地区环境设计的设施和建筑结构主要有承重墙结构、干栏式梁架结构、穿斗式结构，根据不同用途和体量、结构体形的大小，庄房为框架结构的干栏式与石墙砌体结构结合的复合结构，主要在汶川、茂县、理县、黑水、松潘等地应用。这两种结构的结合是由内至外的组合，整体看来是为适应当地气候和地形地貌，起到遮风避雨、保温防辐射的作用。建筑外墙采用石墙（图1.15），由一块块异石（或称毛石），经匠人对表面稍加修理，以泥土为黏结剂，层层砌筑，在墙体1.5～2.0m处加一根横木作为墙筋，起抗拉、抗震的作用。羌族匠人根据一定的采光和防卫要求，在建筑上留出窗洞与门洞，达到墙体的高度后便以女儿墙收尾完成。各个方向的墙体均从下向上呈内收分的形式，墙体所用的石块也由大到小，内墙与外墙一致都向内倾斜（图1.16）。墙体厚度也由下而上呈现厚与薄的渐变关系，这类墙体的砌筑，当地工匠极少使用尺规，仅凭棉线做成的吊锤量具与口诀，凭着施工的经验完成。吊垂线锤是确定墙体倾侧程度，工匠们以它的垂直状况来判断内墙倾斜角度，建筑能否稳固。墙与墙体之间的连接、相交是考虑羌族庄房和碉的关键，也是判断墙体稳固和挡风避寒的要点及整个建筑出现内收分的形式（图1.17）。墙角搭接之处使用条石，普通的异石只要某一面稍平便可以砌筑，墙角处要向上翘起，大约三分，有0.09m高，当每次墙四周砌到约1m高时，它们已向内收0.015m左右，所以羌族人建房有一口诀"方石错缝，墙角要翘三分，每砌一尺就收分。"整体建筑结构的收分，从力学上来看，呈现四角和四面重力的上下、左右、前后均向内聚集的状况，这样的砌法让建筑整体性较好，建筑能抗 6 级上下的地震。羌族庄房作为砌体结构的一种，受竖向荷载为主，其抵抗水平力和抗剪力较弱，原则上不适用在高地震的设防区及其层数较高的多层、高层建筑上。采用这种结构的庄房既抵抗了 1933 年的叠溪地震，还抵挡了 2008 年的汶川地震，着实是罕见的结构技术和建造水平。根据部分专家实地调查，得出结论：那些未倒塌的羌族传统建筑和村落，正是由于建筑之间紧邻的组合关系所致。这样的组合结构值得研究。

图 1.15　羌族复合结构传统民居

图 1.16　内外墙一致向内倾斜的庄房

图 1.17　内收分显著的羌族碉房

砌体结构也是碉的结构形式，其空间和建筑面积相对庄房要小许多，结构竖向荷载更强，仅仅在水平力方面要弱一些，更适应当地的温度和湿度，以及防风。受限于地势和环境，过去许多羌族人都愿意生活在碉中，羌族人也常把庄房环境建造成碉的规模，保证向空中要面积的做法，并达到空间小、保温节能更强的生态作用。在战争年代，当地羌人为躲避战乱，常常在一定时间藏于其内生活与劳动。

羌族庄房室内为梁柱承重，一般采用的是框架结构（图1.18）。内部分为三层，每一层结构受开间和跨度的影响，略有变化。大部分一层是圈养或拴养家禽，在有一定的距离地方设置木柱，支撑顶上的圆形梁、柱。它们表面十分粗糙，柱子落于石面上（图1.19），石面有坑，方便固定柱子位移。底层（一层）面积和空间大，羌族人在柱子之间砌筑石墙作为隔断，用于分划空间和饲养牲畜，这样空间变小了。设纵横两根木柱或一根木柱，柱顶上置梁为圆形树干，表面的粗拙经工匠们简单地修整就放置于柱顶上，并承载着二至三层及屋盖的荷载。庄房受潮湿的气候影响，各种结构的木材均要求做防腐处理。然而过去受物质短缺、经济地位、交通条件的限制，羌族人不可能有防腐的生漆。他们采用最简单、最便捷的通用方法——用火塘的烟雾、油尘和火焰辐射烘烤木材使它们防潮、防腐朽，进而解决木材潮湿朽烂的问题（图1.20）。

第二层是羌族人生活的空间，室内火塘中的木柴一直保持燃烧，上面架着铁锅，用于做饭、烧水、取暖。木柴在燃烧时，通常会产生一股股浓烟升入上空，烟熏着楼板与屋顶，它们被吸附在梁柱、楼板上，日常夜久，慢慢地，墙面和顶棚变成了深色。在生火做饭时，锅里的油烟和水蒸气升腾于空气中并黏附于木梁、木柱、木板上，导致多种烟尘的叠合，构成了木梁上的油润，使其变得更加深暗。除木材外，屋内墙面也都如此深暗。从这种色调的表象上看的确不美观，也影响室内的光线，然而从防潮防腐方面判断，这种表象是较好的。二层室内结构和一层基本相同，开阔的堂屋与较大的厨房运用梁柱的框架结构，空间、跨度小的卧室、储藏间、过道等都采用砌体承重墙结构，所以二层的结构较多样化，并不是某一种结构形式，甚至有时候为增大空间，羌族匠人还运用减柱法来达到这一要求。总体来说，气候和实用决定承重的结构体系。由于二层是羌族人居住的地方，室内结构较为丰富。三层为框架式结构体系，该层主要用于储藏粮食，如玉米、土豆之类（图1.21）。现在许多地方庄房的三层已被羌族人用木板分隔，变成了卧室。由于三层高于一、二层，其上风量稍大，受地面潮湿和阳光的影响小，在高山峡谷的自然气候中，更容易防止食物和粮食的霉变，宜保存粮食，更有防盗、防火的优势。

框架结构在邓广、何益斌合编的《建筑结构》中有这样的解释："采用梁、柱等杆件刚接组成空间体系作为建筑物承重骨架的结构称为框架结构。"[23]在羌族庄房室内的结构体系中框架结构是主体，这种结构的特点在于它承受竖向的荷载能力强，而承载水平方向的荷载能力较弱，譬如风荷载和地震等。框架结构是多层房屋主要应用的结构形式，具有空间大、平面布置灵活、构件简单、施工方便等优点，能适应各种气候和地形条件，也较经济，是羌族人建筑室内较常应用的一种结构（图1.22）。

图 1.18　庄房室内的框架结构情况

图 1.19　羌族建筑低层木柱情况

图 1.20　防潮、防腐的羌族表现

图 1.21　储藏与晾晒粮食的顶层

图 1.22　羌族框架结构的阪屋造型

在北川和平武出现另一种干栏式的建筑样式，这种样式其实就是梁柱形式的框架结构，并且伴有穿斗式的结构特点。由于这两个县域都受汉族文化影响较大的地方，当地气候较为温和，相比其他县域的严寒，这两个县域海拔低，气温高，风力小，太阳辐射弱，日照数略少。由此造成两地的建筑环境需优先考虑防潮、防晒以及夏天引风纳凉的措施。这样的需求必然导致村落环境和建筑形态发生变化，并与高山、高原地区的村落环境不同（图1.23）。因此，羌族传统村落建筑数量少，户与户之间距离远，村落建于河流旁，与茂密的树林相参齐，又借用大面积的茂盛树林、竹林防晒降温，引河水流动带来的河风导入室内，并带走大量的热量，降低室内温度，形成舒适的居住环境。在平武的羌族传统村落中都有一个共同特点，那就是两三户至五户为一个村落，甚至还有一户相距村落及其他人家距离较远的情况。譬如三四户在半山上，另一户在河谷或者多户在河谷聚集，而一两户分别建在半山上（图1.24），这些村落的组合完全不同于阿坝藏族羌族自治州的汶川、茂县、理县、黑水等地的传统村落。它们在气候影响下建筑结构非常独特，建筑一般两层，底层是圈养牲畜，为半封闭形式，使用土坯砖和圆木、木板建成围栏，限制猪、鸡等动物跑出。这种形式既可以让微风穿过底层空间，又能让底层气温适宜动物的需求。二层住人。该地区由于雨量大于高山和高原地区，所以屋檐较长，起到排雨水和遮蔽阳光的效用，同时也使支撑悬山屋顶的木柱高而直。在北川，阪屋的二层结构为穿斗式，由木柱通过穿枋连接，搭建起整个空间。屋顶仍然采用悬山顶，上铺灰瓦，墙体为木板拼接，屋盖质量从上而下经檩、枋、柱传递到地面的石柱上，直到基础和地基。墙面的木板不起任何承重作用，这两个地区的建筑结构使整个阪屋较为轻盈，夏天凉爽，冬天保温。它们是受当地气候的影响而形成的建筑结构与村落环境形态。譬如北川的石椅村和卓卓羌村就是这样的结构、建筑形态。

图1.23 不同于高原高山地区的丘陵村落环境 **图1.24 分散修建在半山上的丘陵型村落情景**

相较于建筑结构，村落环境的构筑物较少，羌族人善于结合气候和利用地形营造，为此他们较少大规模地砌筑构体体，室外环境只有祭祀台、桥、挡土墙和护坡之类，而广场、坝子、石阶和道路难以形成一定尺寸的体量，也无法用结构来表现。它们都是羌族人在夯平的泥土上铺装石板与鹅卵石，然后压平成为村民使用的地面。这些构筑体均是应用砌筑结构，部分实砌，中间不留空隙，达到夯实的作用，这类做法在挡土墙和护坡的砌筑上也比较普遍。祭祀台与桥采用石块或鹅卵石砌筑（图1.25），承重的柱子或石墩在一定距离处留有对应的空隙，作为其他的用途，祭祀台留出的空间用来放置白石或羊头，而桥的空隙则便于水的流动。

图 1.25　石块砌筑的羌族祭祀台

　　上面具体从历史、文化习俗、自然环境和建筑材料技术等方面对羌族进行了归纳性的概述。羌族主要聚居地区位于高原高山的寒冷地区，地形复杂，地势陡峭，环境恶劣，羌族人民世代生活于此，突出反映了羌族不惧困难，建造技艺独到，营造智慧较高等特点。同时，更体现了他们营造村落环境和建筑环境的适宜之处。从村落环境营造的结构、材料方面分析，能发掘出村落建筑的构造蕴藏着节能、节材、环保等的贡献特点。

第二章　场所微气候与羌族传统村落
环境营造要素解析

我国古代早已有"道法自然，天人合一"[24]等经典且朴实的生态思想，然而这些思想仅仅是一些融于自然或顺应自然的理念，一直未形成数据图示和数字化的系统，所以本章将在羌族传统村落环境营造研究方面，以气候和相关理论结合进行分析，尝试从中寻求一些新的成果。

羌族传统村落在受到中华民族古老传统文化熏陶的同时，也有着自己民族的建造思想，他们掌握了营造技术与营建方法，修建出奇特怪异的建筑，营造出不同的村落环境和室内环境。如果应用当地微气候来分析羌族传统村落环境将取得一定的研究果实，使神秘而有特色的羌族传统村落环境清晰地反映出来，并使数据得以保存，从中找到一些相同的指标，发掘传统营造精髓，为现代羌族村落环境的发展起到支撑作用。

一、场所微气候的概念

微气候（microdimate）是 20 世纪中期由西方人提出的，其中兰德斯伯格提到的微气候概念更接近建筑环境设计或营造。最初的概念是"区域气候学"和"物理气候学"（physical climatology），二者各有使命，前者是针对在哪里的气候学，后者是研究那里的气候原理或原因，正如兰德斯伯格所言："描述性或区域气候学回答'什么在哪里'的问题，物理气候学则应该告诉我们'为什么会这样'，还应该'分析观测数据并从中抽象出典型所在，抽象出因果之间的相互关系如何……'"[25]微气候是指地面边界层的气候受地形、植被、土壤影响而产生的。其实村落微气候是受到场所环境和自然气候的双重影响而形成的，各种影响因子十分复杂，有气候因素如太阳辐射、日照、风、空气温度、相对湿度等，还有地球下垫面。它们并不是单一构成微气候，而是相互交织共同在一定环境中产生气候。譬如村落室外环境的树木、建筑物、山丘，由于受到自然气候的日照、太阳辐射作用，直接影响到所在场所中的空气湿度、温度、照度。

按照《现代汉语学习词典》的释义，场所是指"处所或地方"[26]。场所微气候，指所建地方的气候情况或处所周围的气候情况，这里特指羌族村落环境区域 500m 以内的气候状况，包括温度、湿度、太阳辐射、风、降水等具体气候因素，它们在大气的综合作用下对该区域范围的人居环境与自然环境共同造成各种各样的影响，从而形成局部空间环境的特殊气候情况，并影响该地区人的建筑环境适应性的营造，满足当地人舒适、安全的生活需求。而羌族地区的场所微气候是位于我国高原高山地方的村落环境范围内的气候变化情况，它们始终影响着村落中羌族人的建造生活，以及村落和建筑的形式。

场所与场地不同，场所是人活动与发生事情的地方，是与人长期有关系的处所。而场地，仅仅是独立的地方，是短期或临时人所占用的地点，是适应人们某种需要的空地。二者比较，场所表现出连续和长期性，一直在进程中不断被修正和发展，是一种进步的过程意味。场地仅有短期和临时性，没有长时间发展的过程含义。结合微气候，场所微气候与场地微气候不同，前者表示人所处的地方，与人发展的一切活动息息相关，呈现劳动、学习、工作和运动等各种活动，其中具有一种长期永恒发展的含义，表示建筑环境在适应气候过程中不断地被营造、维护和修补，并变得越来越安全和完善，形态越来越成熟和美观。因此，场所微气候是指建筑环境在形成过程中，为了适应气候被不断地改造、扩建、修补和调整，发展过程中的每一个问题又逐渐被解决，从而使得该建筑环境越来越舒适，形态越来越完美。后者表示在被划定的地方进行活动，受其中微气候影响所产生的建筑环境，会形成最终的建筑形态，并无发展过程及其系列的完善环节，是一次成型的表现。

根据太阳高度角和太阳辐射线运动轨道的原理，对日照遮挡进行分析，冬季的一天，从上午 9 时至下午 4 时太阳辐射轨道可知，在太阳照到场所中的主体时，它周围东向、西向、南向范围内的景物都会妨碍辐射线及照度。在寒冷的冬季，场所需要大量的热量以满足户外人们活动，就必须考虑这三面景物的遮挡和阻碍，或场地的抬高与下沉问题，来保证场所微气候的温度、湿度等，尽量接近热舒适的范围（图 2.1）。这正是场所在受到微气候影响而导致人们进行营造和主动调整的表现。

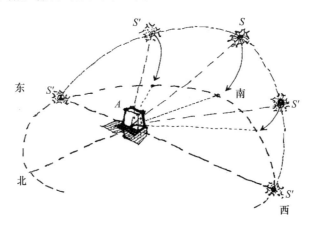

图 2.1　羌族地区太阳高度角和太阳运动轨迹图示

二、场所微气候与气候的关系

根据《现代汉语学习词典》的解释，气候是指"一个地区多年形成的一般的气象情况，如气温、降水量、风力等"[26]。气候主要由太阳辐射、大气环流、地面性质、海拔高低、纬度大小等相互作用决定。表征气候的参数有气温、湿度、太阳辐射、风向、风速、降水、气压等。根据地球上的纬度而划分的气候带和根据高度而划分的垂直气候带，都与气候有关。气候是建筑学的基础，为建筑提供了设计的各个影响因素。

对场所环境的舒适性认识上，中国羌族传统村落环境的选址、民居布局，室外环境空间的位置、形态都源于当地气候的情况，同时兼顾地形、地势和地貌，其根本目的是使村民有一个舒适性较好的公共环境，建立生态的人居村落公共环境。村落公共环境，本文特指建筑室外的环境，也是村落微环境，它介于村外自然环境和村落室内环境之间，受自然环境和村落建筑、植被、水域、生物、田地等的影响，因此，微环境一般富有变化，有可能统一，也有可能混乱。

我国人民自古以来都关注气候。民间有 5 日为候、3 候为气，一年分 24 气、72 候的说法，各候与各气之间均有相应的特征表现，由此合成为"气候"[27]，又与今天气候学的"气候"含义基本一致，它们都有天气均匀的状态含义。根据地理纬度、海陆分布和地形等的不同，世界可以被分成七大气候地区：热带气候区、亚热带气候区、温带气候区、地中海式气候区、冷温带气候区、高山高地气候区、极地气候区（表 2.1）。我国处在温带气候区和高山高地气候区，青藏高原属于高山高地气候区，而四川羌族聚居区正位于青藏高原的山脉边缘带上。

我国在大气候地区划分上，具体分出秦岭—淮河以北的山东、河南、河北山区、陕西、东北三省为温带季风气候区，西北部的内蒙古、新疆、青海、甘肃为温带大陆性气候区，东部、中部、西南部分的江苏、安徽、福建、浙江、湖南、湖北、四川等地为亚热带季风气候区，西南部分地区的云南为热带季风气候和我国西藏为主的高原山地气候，共计 5 个气候区。羌族地区由于历来沿西北向东南方向迁移，建造聚落，由青藏高原向四川平原定居生活，形成由高原山地气候地区向亚热带季风气候地区渐变的聚居形式。譬如松潘方向的羌族传统村落就位于高原山地气候区，那里村落密集，形式同西部的藏族聚居村落（图 2.2），而靠近绵阳山丘地带的北川羌族村落，处于亚热带季风气候区，聚落的形态则有所不同。类似于汉族村落的形式，村落分散，面积大，建筑之距离较远，往往在山上呈现单座房屋的情形，少有三户及以上的大型村落出现（图 2.3）。

表 2.1　世界七大气候地区分布情况

项目	热带气候区	亚热带气候区	温带气候区	地中海式气候区	冷温带气候区	高山高地气候区	极地气候区
位置	赤道与回归线之间	出现在副热带高压带控制的地区	中纬度30°～45°的地区	纬度30°～40°大陆西岸的亚热带地区	中纬度地区，纬度45°与南极圈之间的地区，横贯北美和亚欧大陆	高山和高原地区	南北极圈以内的地域
气候特点	常年高温，气候干燥，年平均气温20℃以上，最高气温可达43℃，夜间降温速度快。雨季出现在夏季，湿度大，闷热。雨后干季的相对湿度为60%～70%	地面温度高，日照强，云少，大气稳定，雨量少，气候干燥。气温年变化和日变化较大，年较差在6.2～15℃，日较差20～30℃。夏季最高温48～55℃，夜晚凉爽。极地的相对湿度为2%左右	冬季在西风控制下具有冷温带气候特点，夏季炎热漫长，冬季温和。四季分明，最冷月平均气温5～10℃，最热月平均为25～30℃，年较差在15～20℃。大陆西部太阳辐射强，气候炎热，湿度小，冬季暖和，洼地有霜冻。大陆东部湿度大，风速小，云量多，闷热，冬季温和，有寒潮，气温骤降，寒冷	冬季温和，夏季炎热，干旱，暖热少雨	冬季寒冷漫长，夏季温和且时间短，大陆西部夏季凉爽，7月平均温度15～20℃，冬季比同纬度地区暖和，1月平均气温0～10℃，夜间潮湿多云，降水量大	气温随高度而降低，气候垂直变化显著，湿度大，山地越高，风力越强，海拔高，辐射强，日照丰富，气温的年较差小，日较差大	终年寒冷，夏季最热月气温为10℃，极点附近气温均低于0℃，土层为冻结状。最冷月气温在−40～−30℃，异常寒冷
分类	热带雨林气候、热带季风气候、热带草原气候、热带沙漠气候	沙漠广泛分布。季风气候地区、沙漠地区	温带海洋性气候、温带大陆性气候、温带季风气候	亚热带夏干气候	大陆西部气候带，大陆东部气候带	—	—
时间	雨季为5～10月，干季在11月至下一年4月，雨量为100～1500mm	季风气候地区雨量可达1000mm，沙漠地区雨量不到50mm	温带海洋性气候地区降水量在1000～2000mm，温带大陆性气候地区年降水量在500mm左右，温带季风气候	降水在冬季	年降水量500～1000mm。大陆东部气候带雨季分配在夏季。西部气候带的雨季是全年均匀分配	一定高度，多云雾，降水多	降水稀少，年降水量少于250mm。降水全是雪

项目	热带气候区	亚热带气候区	温带气候区	地中海式气候区	冷温带气候区	高山高地气候区	极地气候区
地域	非洲刚果盆地，非洲北部、中部，南美巴西大部分地方，澳大利亚大陆北部和东部、沙漠区，亚洲马来群岛、几内亚湾沿岸，亚洲阿拉伯半岛、亚洲中南半岛、印度半岛，中国云南大部分地区、西藏东南角等地	撒哈拉沙漠、澳大利亚、阿拉伯半岛、克拉哈里、阿塔卡马等热带沙漠或信风沙漠，亚洲东南部	西北欧，美国西北部，加拿大西岸，新西兰，南美洲西南部，中国秦岭—淮河以北的东部地区和台湾中部，朝鲜和日本半岛，西伯利亚东部沿海地区，亚欧大陆，北美大陆东部地区	地中海沿岸，南北美洲纬度30°～40°的大陆西岸，澳大利亚大陆，非洲大陆西南角	北美的阿拉斯加经加拿大到拉布拉多和纽芬兰的地区。亚欧大陆西起斯堪的纳维亚半岛（南部除外）经芬兰和苏联西部到苏联东部（南部除外）	南美洲安第斯山、喜马拉雅山、青藏高原等处	亚欧大陆和北美大陆北冰洋沿岸，南极大陆、格陵兰岛内部

注：表中内容根据《气候与建筑形式解析》[28]整理形成。

图 2.2　高原高山上的羌族村落

图 2.3　低海拔分散的羌族传统村落景象

依据气候区域的性质和范围划分，气候又被分成大气候与小气候。大气候指较大的地区范围内具有一般气候特点和共性的气候情况，前面论述全球的 7 种气候区，每一种都是一个大气候。小气候相对大气候而言，是指区域范围小，受到局部地形、下垫面与环境的影响而成为的气候区。小气候受下垫面的材料、自然构造的影响，按水平和垂直的尺度、时间关系，又分成地域气候和微气候。这里的县域范围可以认作地域气候，而村落环境和建筑周围环境被称作微气候。中气候是处于大气候与小气候之间的一种气候，主要指我国气候划分的 5 个区。最小的气候这里称为弱气候，它的变化受建筑条件制约，可以是自然的气候，也可以是人造气候，它的范围仅限于建筑室内空间。本书研究内容也正是以羌族传统村落环境与微气候的关系为主，以其与弱气候的关系为辅。

三、场所微气候与羌族传统村落环境的关系

（一）羌族传统村落环境是基于场所微气候来建造的

我国古代劳动人民修建房屋、营造村落，是以相地看山、听风为根据的。根据了解，建造数以万计的传统村落都是适应当地气候和自然环境的。这些传统村落有些适宜长久居住，其村落环境顺应地形，巧妙地利用当地自然资源，符合当地的气候机制，达到天、地、人高度的统一，也是和谐的自然风景。譬如理县的桃坪羌寨，海拔低，气温高，雨水多，湿度大，是典型的河谷型村落结构，村子结合杂谷脑河谷地形，充分利用山谷中的溪水，以沟渠引水进村，被挖掘的沟渠在村中弯弯曲曲，经过村中主要的房屋，与人、村一起构成有机的景观（图2.4）。这些沟渠里的水解决了村中村民的用水，部分沟渠又起到协调排流雨水和生活污水的作用，这种营造做法和气候因素的降水结合起来，进而解决了天气与村民需求的矛盾，这正是充分利用自然资源的实例。

图2.4　弯曲的水系穿过村中建筑

（二）羌族传统村落环境营造需要适应场所微气候

羌族传统村落环境营造其实就是环境设计和建造、制作、经营的过程，这过程是有条理、有秩序和有章法的，每一步都有建造观念和做法要求。这些要求大部分是结构、构造、材料、工艺、文化上的，仅小部分是艺术与宗教上的。所有这些做法和设计理念，最终都要回到适应气候这个要求上。因为在过去生产条件差，地势险峻，劳动力除了人挑、手抱和肩扛就是借用家畜驮或拉，因而羌族人民的生活十分艰辛。在

建造技术上较为原始，当地人用传统的建房方法、施工步骤、口诀规制，砌筑了一栋栋形态相似、面貌一致的高原高山羌族民居，营造出相似的室内空间形态。羌族室内环境朴素，装饰少，以实用功能为主且适应气候，讲求保温、防晒、防寒的舒适目的。这种观点同相邻的高原藏族民居室内环境大不一样。这主要是因为大部分藏族人生活在海拔更高的高原，那里气候条件更差，藏族碉房更讲究保暖、防晒等适应气候的做法，长时期因交通不便，文化交流少，又受到7世纪佛教的影响，因而藏族建筑形态虽与羌族民居相似，但室内环境的效果则完全不同，多了丰富繁杂的装饰图案。

羌族人在从事村落环境营造时从不用图纸，所有的设计、步骤、构造、材料、工艺等均依照工匠的理念和经验，也不会考虑新的造型。因为建造新的项目，他们始终遵循着师傅和先人的教导，踏踏实实，认真地实施每一个步骤，挑选每一块石头，垒砌每一面墙，因为材料和技术的高度统一，所以工匠们的工序和施工技术大多是一样的，如有不同那也只是建筑平面形式有所变化。笔者访问过当地的工匠后得知，羌族工匠们在砌筑房屋时，一般考虑的都是坚固、防寒、防风、防晒和防盗，很少有人去想文化或美观。由此可知，原来羌族传统村落建筑环境与自然的有机协调，并不是当地人主观刻意营造的，而是他们为了生存和生活，结合当地自然环境，适应当地气候条件而精心思考的结果，经过长时间建造最终产生了人造环境的自然之美。建筑室外公共环境因羌族人长时间停留聚集，又因场所空间的开敞，热舒适性好，逐渐形成族人交流和孩子玩耍的地方。在茂县高山上的黑虎寨村落能见到这样的公共环境。黑虎寨村落形态自然（图2.5），形成时间久远，距今有千年的历史。村落坐落在鹰嘴山上，地形复杂，空气清新，太阳辐射强，日照好，白天温度高，夜晚温度较低，山高奇险，能用的建筑基地非常小且少，由此当地的村民建房相互紧邻，依势而造，形成密集的村落景象。村落的坝子较少，最大的60m² 左右，一到过节活动时，家家户户就集中到此处，参与各种庆祝，如丰收节、祭山节等。

图2.5 黑虎寨村落自然的形态

（三）场所微气候对羌族传统村落环境营造提供支撑作用

在实际的羌族传统村落环境设计和施工中，如前面所述工匠们建造庄房和碉房、碉等系列建筑时，是具有尺度和数量的，这些信息均存在于建造口诀中，如"房朝天，背靠山；门对坳，坟对包；要用麻石，不用磨石；砌墙鼻眼一线天"等。这些口诀由羌族人总结和传承而来，并且赋予了神秘的信念和民族文化的含义，因此工匠们代代相授，严格遵循。殊不知这些观念和信仰是顺应场所微气候、适应当地地形条件的营造基础，形成被动式的气候适应性做法。今天当人们审视现代城市环境的问题，对照传统建筑环境时，能感觉到其中的微气候较城市环境舒适，更适宜人们的生活，从而体现传统村落环境中热舒适的优点，从中总结相应的规律，发现场所微气候对传统村落环境营造具有直接的支持作用。

羌族传统村落环境营造是由羌族人民来确定场所的舒适性和长久性，再以工匠的营造理念和施工方法，以及人们生活的感受来判定场所环境的微气候情况。这种方法的舒适结果是以定性为主的营造方法，总体来说，羌族传统村落环境的营造在节能、节地、节材等方面有着明显的效应。其顺应自然、适应气候的思想，给予室外环境舒适性，对室内热环境又是一种逻辑推测的结果，因此，基于场所微气候均给予羌族传统村落环境很大的支撑。

场所微气候是本书研究的基础，也是研究方法和研究主题的前提，之后将应用该前提系统地分析羌族传统村落及其传统建筑的具体内容，从不同角度分析营造方法、要素，营造环境元素及界域范围，直到它们的最终形式等。羌族人民自古以来的营造都使其建筑与村落环境彰显出强烈的可持续性的特点。

四、场所微气候作用下的羌族传统村落环境营造要素分析

关于场所微气候对羌族传统村落环境营造的影响在于各个气候因素，在气候系统里它们对室内外环境营造所产生的朝向、选址，以及平面功能分布，具体家具设施、空间等位置，人的安全、健康、舒适性等都形成必然的制约。如今基于气候已将研究领域扩大，从建筑到其周边环境，再到整个村落环境，包括空气、水资源、植物、山丘、石块等元素。最初的建筑本身只能看作整个有机体的一个部分，多个部分组成整个气候系统。下面将对各个组成部分展开相应的解析。

（一）选址与朝向

1. 选址

场地建设前的选址非常重要，一个室内外环境的热舒适表现都会被选定在较好的场所位置。自古以来，我国劳动人民在建房前会请风水师挑选建房的位置。风水师根据建房人的需求和场所周围的自然环境，考虑用地的安全、人对气候的适应、地质的稳固、是否易发生洪旱和滑坡，查看其他生物的活动范围、树木的繁密、水的流量、山的形态、土石等情况，决定场地是否适宜修建。其中气候是影响选址的关键要素之

一，中国古代在选择一个地方作为建筑环境的场所时，必然与风水联系在一起，风水师根据场地的气候条件判定具体修建位置和时间等。

"天人合一"是我国古代朴实的生态自然观，其含义是将自然界和人类的各个活动都纳入一个有机整体的系统中，各个子系统相互联系，相互制约。据《周礼·地官司徒》记载："日至之景，尺有五寸，谓之地中，天地之所合也，四时之所交也，风雨这所会也，阴阳之所和也，然则百物阜安，乃建王国焉。"[29] "地中"是指古人选址的具体位置，其周围环境、气候与它的联系，需要有太阳照射的时间，风雨兼有，描述了古人建国与建宅等，都注重选址和辨明方位，即朝向的要求。有太阳辐射的场所恰是古人结合气候的根本需要，也是满足场所环境发展的需要，保证原有场地的植物茂盛或果树和庄稼的苗壮生长，而后优美的自然环境又不断地把生物循环的物质传递给气候，并参与到整个气候系统中。这种因气候和地域环境构成的村落占地，又称为聚气之地，实际上也是人居环境选址之地。

1706年，清代福建人陈梦雪主持完成的《古今图书集成》中，阳宅十书归纳出康熙以前中国传统住宅营造的一些选址择位的经验[30]，总结起来有以下几点：第一，选址宽敞平整，宅前要有开阔的平地，有良好的通风与采光，给人以舒适的心理感受。第二，选址的地势为东低西高，南低北高。这种地势，在气候上适应我国主要的大陆性季风气候的地区，夏季能受到东南风吹拂而降温，冬季可免于西北风的影响，保持气温的均衡。第三，宅前有水，宅后有山。这是微气候形成的基础，房屋前有河水或池塘，它们表面的水汽能被夏季东南风带入场地环境，降低部分空气温度，让人感到舒适。屋后高山可阻挡冬季从西北或北部刮来的寒风，有保暖的作用。当然空气的运动始终要借助水的流动，又在太阳辐射作用下形成气流，由此水就成为微气候环境的推动力。山丘将制约气流运行，它有聚气的作用，于是这种前水后山的构成形式，正是聚气宜居的选择场所。第四，选址周围的植物与生态良好，表示场所周围环境的生态系统较好，地质条件优良，有适宜的气候满足各种生物的生长，更有利于人类的生存与发展。因此，选址的优劣与气候影响的好坏是一致的。我国古人早已考虑气候对选址的影响，从而在对羌族传统村落环境营造的研究中仍然从气候的角度分析。

2. 朝向

朝向一般指场地或建筑门窗面朝的方向。场所微气候是以气候为基础，大自然的一切人造物在气候系统中都遵循气候活动的规律，适应气候的变化，才能获得较好的发展，人在其中也才能有适宜的舒适性。人造物的选址其实已经有朝向的选择了，正如前文《周礼·地官司徒》所论述的"地中"有不同时间段的光影变化，这就清晰地告诉读者，建筑朝向需面对太阳，否则"地中"就不会有那么多不同时间的影长效果。朝向决定室内外环境的光照、风的引导、温度的升高、辐射强度的遮挡，它是最直接的一种适应气候的手段，也是充分利用自然资源和能源的节约理念。因此从古至今，无论东西方还是我国少数民族地区的人民均会采用这种手段，使室内外环境在自然资源的影响下，让场所变得舒适，以保护人的生存和健康。

居住于四川西北地区高山河谷的羌族人，因历史的种种原因，从我国的西北方不远千里，跋山涉水，经过无数次战争，陆陆续续来到闽江流域的汶川、茂县、理县、松潘、黑水、北川、平武等地，过着聚集而居的生活。他们后来以农耕和放牧为主，其住地海拔均在 2000m 左右，由于地形和海拔高度不同，造成了不同的聚落形态和室内外环境，还有适宜的热舒适的表现形式，究其原因，主要在于羌族各地的气候及地形的不同。

古时候当地人为了防御战争，争取安全和稳固的生活，选择地势险要的山顶或半山腰建设村落。居住环境因受山势限制，羌族人尽可能找到适合的坡地或台地修建邛笼（图 2.6），选择有阳光的场地作为房基，以适应气候。这在羌族人的建造口诀和民间文化中有所反映："头朝阳，房朝南，屋中见光；背后有山林，前面有长河，冬见光，不受风，夏无阳，受凉风……。"当地匠人传颂的这句话，体现了羌族人选址坚持在高山的做法，那里能得到阳光，屋内有阳光的照射，室外环境也能阳光普照。同时还有季风吹向村落，让处于室内外环境的羌族人在夏季能感受到凉意。这些顺口溜把羌族传统村落微气候环境展现得十分惬意，是一种背山面水、周围多面开敞、前低后高、自然植被茂密、建筑高低错落、富有层次的山水画景，体现了羌族人选址和朝向的气候意识。调查的茂县河西村，正如此景象。河西村位于茂县西北方，邻近黑水县，该村落居住 130 余人口，是古老的羌族村落，其海拔高度在 2350m，坐落在半山腰（图 2.7），属于半山型的村落。村落地势平缓，南面为悬崖，几条弯曲的村间小路把各户连接起来。坝子较少，仅仅在村落的入口处，现在它已被铺上水泥，变成活动广场，面积约为 70m²。其三面都有房屋，南面敞开，阳光射入。同时敞开的空间也是该地区夏季风吹来的风向。笔者调研时正是夏季的 13:30，依然有少量的老人、孩子在此活动。村落建筑沿山的等高线修建，层层叠叠，时而密集，时而稀疏，构成依山势的形态，面向河谷迎太阳的古老村落。在 2018 年汶川大地震中，这个村落的许多老房子倒塌，改变了村落的空间结构。灾后部分村民在垮塌和废坏的房址上重新修建砖房，到今天许多原有的老碉房、坝子和丰富的巷道已无法见到。但从该村落现有的景象看，依然能窥见过去当地人对选址和朝向方面的重视，进而了解他们关注气候适应性的理念和表现。

图 2.6　羌族传统村落中的邛笼景象

图 2.7　位于半山腰的羌族传统村落

（二）布局位置

布局是指室内外平面中各个功能空间的安排与分布。村落环境的空间布局和建筑室内平面布局均与气候相关，尤其建筑室内平面布局是房主根据家人日常活动的各个功能而选定房屋空间的分布位置。这些功能空间具体所在的方位，又要依据气候如朝向、风向、日照来布局，便于人们生活劳动、休息和交流。羌族南向空间常规的宜做堂屋，以保证室内有更多的采光，接收室外的热量，通常门窗都开在南墙上，目的是冬天少进寒风带走室内热量，也有防盗的需要，墙上的门窗洞口狭小，其剖面形式类似斗形，具有屋内宽、屋外窄的特点（图2.8）。这种窗形从"风压原理"来看，具有一定加速风的作用，加大室内气体流动的速度，夏天使屋内降温、凉爽。

场所微气候研究的主要因素中，太阳辐射和风速、风向是直接影响室内外环境设计的关键。场所的平面功能布局和各个空间位置，在羌族人民注重家庭的实用性外，还特别强调这些空间的气候状况，譬如光照的范围、太阳辐射的面积、风速的强弱等，只有将两者的要求综合起来，才能确定人在空间内使用的方便性和舒适性。如果两者发生了矛盾，羌族人会将场所环境中的气候作为首要考虑的因素而降低功能需求，因此，在实际羌族传统村落环境的调研中，从南到北，几乎能看到碉房和庄房的北面卧室空间的光线暗淡，某些位置虽有一些光线那也是过道和堂屋反射的弱光（图2.9）。白天室内是看不清的，如果不熟悉室内的家具布置和行走线路，外人进入房门也是无法行动的。这种现象反映了羌族人为了保证室内空间的气温，防止北面冷空气进入而降低室温，由此北面东西墙体较厚，且均不开窗，致使室内光线少，这正是典型的为了气候需要而淡化功能的做法。

图2.8　羌族建筑的斗形窗　　　　　图2.9　羌族传统建筑室内采光的景象

室外环境布局是针对传统村落整体场所的环境设计。它是由村落的道路、坝子（广场）、庭院、设施、植物、沟堑、水渠等组成的。这些又被村落建筑外部空间分成三部分，一是集体的各个活动空间，如广场、坝子等；二是私人的劳动空间，包括宅前屋后的院子、菜地、水房；三是公共设施，主要有白石台、沟渠、水槽、水管、道路、巷子和树林等。这些空间无论大小，其布局均源自当地气候，受气候影响形成一种相互制约的关系。据了解，羌族传统村落环境建设前，当地羌族人在释比（端公）或德高望重的族人指引下，选择气候和基地条件较好的地方建设碉房和庄房。碉房是有一定威望的族人修建的建筑，它是由碉和庄房组合而成的房屋，既有生活居住的建筑部分——庄房，又有预防灾难、躲避战争和藏物之用的建筑部分——碉。庄房功能单一，体形较小，只作为羌族人居住生活的地方。羌族民间一直保留着各种喜庆的祭司活动，他们选择在开阔且气候较好的平地上（俗称坝子）进行，这些地方是源于羌族活动主题而选择的。有的坝子在宅前屋后，有的在山上白石台前，有的在村前的山崖口处。

随着村落人口增加，户数和建筑数量增多，一些长期有村民活动的坝子，因经常被使用，变成人们喜欢聚居的处所。这些处所的先决条件就是微气候环境较好，光线充足，视野开阔，又迎风，地质、地形条件好，周围的建筑虽然逐渐增多，但依然保持了坝子本身的气候状况和功能用途。连接各户的小路，早已同坝子（广场）相连，它们适应着气候和地形，在村民的世代踩踏下慢慢形成了道路。建筑之间的空间变成村里族人来往通行的巷道，保持村落环境的交通脉络，其余的空间也是在羌族人使用和适应当地气候环境而建造的。传统村落的各种空间，其布局遵循了集体活动在村落之前或中央的位置，私人劳动空间在建筑之外的使用要求，随地形而定，有的个别也布置在东西两侧的场所。公共设施贯穿村落的各座房屋，呈现蜿蜒曲折的形式，有的固定在坝子中，譬如水沟、暗渠、白石台、泰山石敢当等（图2.10）。树林被羌族誉为"树神"的保护地区，因此受羌族人的敬畏，除此以外，还有"山神""石神"等的保护地区，这些场所常在村落环境的周围或者建筑群的一旁。然而在西南，紧邻绵阳市的北川羌族自治县和平武县，村落的树林空间布局就显得自由，无这些特点，树林和竹林均围绕在单栋或两三座建筑周围，把座座干栏式的阪屋遮掩得密密实实，体现地广人稀的特点。

**图2.10　羌族传统村落中的
泰山石敢当**

羌族村落环境设施设计的位置，是指各个具体的设施所修建的地点和植物种植的地方，以及人使用的场所。它们如羌族建筑室内的家具放置的位置一般，均是依照各个设施和植物对气候的适应条件，以及人们需要的设计营造。位置是决定室外环境各空间形态的基础，同时能满足人们心理的需求，在场所中它们不仅供给人形式的美，也让村民产生真实的感觉，并且在适宜的微气候环境里，保证人能参与其中，满足人长时间的使用。在场所中每一种设施、构筑物、植物都有它自身的用途，只要符合当地气候的要求，并提供相应的实用功能，它们就都有相应的价值和存在的意义。在古老的羌族村落，常常能见到巷道的纵深处，有连接建筑的连廊，即过街楼（图2.11）。它们是建筑的附属物，早期建设是作为扩大使用面积，用于存放杂物和连接房屋之间的交通，之后随着增加一些使用空间，房屋增多的需要，这种过街楼被改成家用的住房。过街楼不仅在有限而狭小的用地上空增加了建筑面积，而且它非常

有利于室内气候的改变。夏天极热时期，打开两侧窗户，巷道内的高速风会迅速穿过室内，带走大量室内的热量，降低室内的温度；到了冬天，在不开窗的情况下大量的阳光能够照射到屋内，进而增加室内热量，并且夏天的过街楼还能起到隔离室外高温的作用，让建筑室内的热舒适保持稳定。与此同时，过街楼下的巷道，也是被遮阳的地方，在高速风穿过巷道时，它会进一步把地面的热量和温度带走，降低过道内的空气温度，增加舒适性。因此，在羌族传统村落的过街楼下，经常有一些村民休息、停留或与他人交谈，这些地方逐渐变成村落环境的聚居场所。譬如理县的桃坪羌寨就有这种过街楼与气候联系而形成的景观。

图 2.11　羌族传统村落中的过街楼

（三）形态与空间

形态是指事物的形式和状态，是事物存在的一种样貌，在本书既指人们看得见摸得着的实物形态，又指看不见但能感受到的，人在其中体验的空间形态。形态是空间和实物的形式呈现，又是它们状态的反映，在时间和气候的影响下表现出多样不确定的变化，因此形态与气候之间的关系十分紧密。建造在高山上的羌族传统村落，被明媚的阳光照耀时，其村落形态表现出强烈的宏伟感（图2.12）。究其原因是太阳辐射强度对各个碉、庄房、植物、坝子照射出的村落环境状况。

图 2.12　具有宏伟感的羌族传统村落景象

到了冬天，山峰和村落环境白雪覆盖，在冬日太阳的映射下，其形态又是另一种神奇境况，这就是气候对建筑与环境空间形态的影响。印度尼西亚南尼亚斯村落的"船"[28]形房屋，彰显了该村落的建筑形式，反映了村落环境的空间形态。该地属于热带雨林地区，位于赤道附近，南北纬线 10°之间，气压低，温度高，雨水多，全年皆是夏季，年平均气温为 26℃，降水量在 2000mm 以上，相当于我国北方地区年降雨量的 3 倍，且年分配比较平均。如北京年降水量为 600mm，而"北京 2018 年降水量为 575.5mm"[31]这是气象北京《2018 年来的各天气情况回顾》资料所记录的情况。该房屋全为木材构筑，屋顶呈曲线为马鞍形屋檐，使得笨重巨大的顶部显得轻盈，如此的造型有利于雨水排流，向外挑出的屋檐可以防止雨水流洒在墙面上，影响木墙的持久和坚固，同时它遮蔽烈日的暴晒，防止室内温度升高和墙壁表面的温度增长。建筑为两层，为干栏式，一层养牲畜和放置杂物，二层住人。建筑高度在 9m 左右，内部空间较高，使室内环境增加了通风效果，产生一些凉意而趋向舒适。整个村落的船形房屋整齐排列，村口前是村民活动的广场，平日也是通行的道路，屋后是植物群，它们与建筑、环境共同营造非常整齐统一的节奏之感，产生平衡的稳固状态。

空间不仅仅有形态，还包括空间的尺度、空间的文化、空间与气候等诸多内容，而限于篇幅和涉论要点，这里只阐述空间与气候的关系。空间（space）的概念非常宽泛，由长度、密度、高度等围合出来的部分，并与时间相对的一种物质客观存在的形式。在村落中有建筑外部空间和建筑内部空间。建筑外部空间就是村落的空间，是由许多广场空间（图 2.13）、建筑之间的空间、建筑与植物间的空间、场地自成的空间、植物围合的空间等构成；建筑内部空间是建筑围护结构围合的空间。因此，这些空间的形态与发展都在时间中不断变化。其变化又与相关因素联系，时间是决定和衡量气候长短的标尺。气候会因为时间对空间形成不同的影响，是空间的扩大或者是缩小，也有可能是空间的抑扬、消失或位移等，所有这些空间在实际的村落环境中均有体现。村落的园地是由建筑与植物、地形等构成的私人空间，当宅园的主人为了增加建筑面积和阻止某方向的太阳辐射，把该空间地面改成建筑用地，那么以前的空间形态和位置就会消失，并转变为室内空间，这种变化近年来在羌族环境改造中出现不少，尤其汶川地震后的传统村落室内外空间的变化更是不在少数。

羌族传统建筑室内空间一般矮小，主要是为了保持室内的温湿度。在羌族地区，白昼与

图 2.13　羌族传统村落中的广场与碉景象

夜晚之间室外温差大，白天由于太阳辐射的原因，建筑墙体的石料储备了大量的热，它能将其转换为热量，到晚上室外温度下降，外墙的热量会慢慢传递给室内，使室内气温不降低，保持较高的温度。室内地面、墙面通过门窗也能吸收到辐射转变为热，到了晚上，室外温度虽然较低，但石料会将白天的热传给室内空气，致使室内温度高于室外温度，保证人生活的舒适气温。这些气温的保持需要低矮密实的空间，如果空间较高又宽敞，那么室内的空气温度会随风流失。同时，空间体积增大，而室内的热量又是不变的，那么室内的气温必然会降低，进而影响屋内人的舒适感受。所以在羌族的碉房和庄房，室内的每层空间都非常矮小，这也是因微气候而营造的结果。

室外空间也是一样的，巷道空间十分狭窄，其两侧建筑的高度均在9m左右，它们的宽度却在1～2m，这种高宽比的室外空间为1/9～1/4，其高宽比值足以反映在狭小的通道内，是无法直接获得太阳辐射直射的，巷道内的阳光只能通过两侧山墙空隙的位置或者建筑中部以上的位置进入室内（图2.14），进而巷道中部以下的墙表面无法有太阳辐射，只能在环境辐射温度和风速、风向的影响下，空气温度较低，从而该空间场所便成为夏季纳凉的地方，是村民闲聊、孩童嬉戏的公共环境。反之，如果高宽比为1∶1～1∶2，那么大量的太阳辐射将使该环境在夏季炎热无比，紫外线极强；冬季寒冷、风速快，但紫外线依然较强，这样就不可能出现舒适的微气候结果，羌族人也不会在此场所停留。

图2.14　羌族传统村落中巷道内的日照情景

（四）交通与场地

1. 交通

交通，这里具体是指连接出发地与目的地的道路，在传统村落环境设计中，交通是村落与外界来往的道路，以及村落内户与户、户与场所、田地等之间的路，微气候本身并没有对交通进行涉及，但作为本书主题的传统村落道路，它们和当地微气候相联系，场所之间的道路会受到气候的功能等因子干预，因此为了更系统地分析传统村落环境的形式，这里增加交通与场所、安全与生产的影响要素部分。

有人说"人居环境设计不仅好看，还好用"[32]，这句话看似朴实、易懂，却说中了建筑设计、景观设计等学科的核心。设计就是为人类创造舒适宜人、实用美观、坚固经济、健康安全的住所。作为空间的器物，它不仅有好看的外表，更重要的是保证内外环境长时间的舒适性，以及器物之间的关联性，这样才能组成一个整体，一个社会。人居环境之一的村落环境，在过去就是一个小的社会，是因物质和技术等条件的限制，形成小范围的结果，当社会出现必然会有联系，而人与人之间、建筑之间的联系正是有人的来往交流才生成了道路，正如鲁迅所言："地上本没有路，走的人多了，也便成了路"[33]，其意思很好地诠释了交通的形成。交通联系还是在人与人之间的交流，然后延展出道路。初看它们，村中其他路均因为这样的需要而产生了各种类型的路，有主路、次路和辅路。主路是与外界联系的宽敞道路，也联系建筑组团的作用；次路是村落中户与户之家的连接路，还包括组团内邻里间的路、巷道等；辅路则是户与室外田地、池塘、山岭、河谷、坝子等的小路。这些道路初看是因功能需要而产生的，其实真正的位置和走向会受到气候和地形的直接影响。

正如前一节所论述的，各类道路人们都要考虑地形条件的高程和陡缓情况，在各种气候条件下各年龄阶段的人都能行走，如果只适合部分人群通行，这样的道路就会逐渐被弃用，而道路上气候的好坏决定了它能否被使用。这些都源自场所微气候中的降水、太阳辐射和风向风速等因素，可以说这些直接制约着道路的形成。当道路上雨水的排泄不畅，路面会积水，势必会影响人们通行。当道路上坑洼较大时还会导致人摔倒，造成其他危险发生。道路上还需要太阳辐射直射，能让路面的雨水被蒸发至干，冰雪也能被融化排放或被路面的夯土所吸收。夏天道路上也需要树丛或行道树，给路面遮阳，便于村民有一个阴凉的环境行走，而这种舒适的环境更需要一定的通风，因此，适宜的道路必然如场所一般，要有对应的风向和一定的风速。譬如树林之间的道路、建筑之间的巷道，其上都有一定速度的气流。凉爽的道路上，其热环境是较理想的，提供路人在此休息、交谈和活动。羌族茂县的河西村建在海拔 2000 余米的半山上，村落有住户 200 余户，户户之间泥路相连，次路较窄仅为 0.6～1.0m，其沿着阶地布置，十分陡峭。如果在下雨天和下雪天，行人估计还有危险。然而村中的主路，由石板铺装，宽度为 2.5～3.0m，适宜村民在此赶集和交流。

处于村口的道路较开敞，无地形和树木遮挡，视野开阔，成为遥望远处和下山能见到前方路的情况，后方是村口的牌坊，有遮阳、挡西北风的作用（图 2.15）。平时这里聚集较多人，他们相互谈论村里的一些事务，当有路人来往时，还会问候几句，了解村外的事，这里慢慢成为适宜人们交谈和休息的场所。笔者到此考察时，也遇到这样的情形，这就是该场所适宜的微气候环境的舒适性所致。陈志华教授著的《文教建筑》一书中概括了各种交通形式对聚集的情感和舒适性表现——"乡情无处不在，远途的过客，能坐在这桥上歇口气，不怕雨淋日晒，还能饮一杯茶，人与人之间的互助互爱，便这样在他们的心里滋长起来，代代传承，这就是相宜亲情，就是为什么故土那么难离"[34]，以及"来往的人多，水口的风雨桥因此也成为村里梳理乡规民约的石碑的首选之地"[34]，表明作为交通的桥凝集着来往行人之间的情感，之后成为重要的教育场所，更有"一些亭子造在水口、村口，那里过客不多，还经常有老人们聚会，他们已经不再劳作，而安享余年了"[34]。

图 2.15　羌族传统村落口的牌楼意向景象

2. 场地

《现代汉语词典》中，场地是指许多人聚集的地方以及活动的处所，该词也有领域的含义，而本书中场地主要指村落公共活动聚集的地方，如坝子、广场、院子、公共设施领域等。这些地方形式多样，有自由形式，也有近似规则的形式，但以自由形式为最多。这主要在于羌族人一直都相信万物有灵，不能为己任意剥夺他物的生命的信仰，如树神、石神、山神、土神等，于是他们在村落公共环境营造上，以顺应自然、因地施计的方式建造这些聚集场地。这在羌族室外环境中表现自然有机、形式自由，特点尤为明显，而临近羌族的藏族少有这样的有机观念。藏族室外环境常有规整的坝子和广场。这和他们的气候与信仰有很大关系，藏族海拔普遍比羌族聚居地高，气候更为恶劣，大部分地区无盛夏，常年处于寒冷的气候中，白天与夜晚室外温度相差较大，风速也大，紫外线较强，因此，藏族的村落环境中建筑密度大，建筑高度相对羌族普遍低一些，这主要是因为密度大能够防太阳辐射直射，墙体相互可遮阳。到了晚上，白天墙体的蓄热可以辐射到村落，同时室内墙面的热也能传递到室外巷道与广场中，起到保温节能的作用，密集的建筑也能减小风速，从而保持公共环境空间的热量，并且还能防止一定高度的风力下降进入巷道和公共环境，以增加室外场地的风压所产生的局部微风。

羌族这种自由的场地和多样的自然形式，使其环境较为简洁，没有过多的装饰。其中经常能见到的就是供着羊头或白石、石敢当的景观，稍有讲究的也会安置一些挂着布条的旗杆，其上普遍采用石块和树木构成公共环境场地。由于装饰简单，羌族村落场地一般受气候影响较明显，从选址到高度和范围等都有表现。而藏族广场或坝子上一般都会布置白塔或玛尼堆、造像等景物，广场还用石块铺装，其上的经幡、绸缎尽显整洁多样。而羌族传统村落环境中的广场或坝子仅依靠周围的景物来美化和遮阳，笔者在羌族地区调研时曾发现羌族坝子的气温几乎和村落外域的自然气温接近，甚至是一样的，即使有微弱的差别也仅仅是测量的位置所导致，靠近坝子被遮挡的区域，如树丛、土墙、石陇墙的气温，呈现冬天暖和，夏天凉快，风速均小。这足以说明，羌族室外环境的微气候受自然气候影响较大。

在羌族传统村落的院子和公共设施领域的气温，则比坝子好很多。它们一般均建于村落建筑群中，因此会受到建筑高度、宽度和位置的制约，通常羌族室外环境中的院子，面积不大，对它测量总结出面积多为 5～10m²，往往是 2～3 面开敞，无墙筑。如果有构筑物也是较低矮的石陇墙，大约在 0.6m，对环境几乎不构成影响，所以在夏天院子会产生引导风向，减弱巷道快速的气流作用，从而会形成公共环境均衡的温湿度。还有气流在经过门、窗进入室内时使其温度降低，通过这种室内外空气交换，会让空气清新。冬天则成为局部热源，晚上可让周围空气温度升高，辅助外墙不会迅速降温。

（五）安全与生产

安全表现方式很多，有使建筑和环境保持长时间的坚固，有让人生活在村落和建筑室内环境的健康，也有抵御外来危害保护人身的安全作用，还有适应各地区微气候与自然条件并长时间正常使用场所环境。安全的方式因研究对象的不同，反映出的逻辑关系也不一样。譬如对羌族传统村落环境营造，羌族人的祖先在先秦时期从我国西北部迁移到四川的闽江流域，扎根在那里，他们选择的生活场地，通常位于险境环生的高山峻岭和狭窄深谷，以此与世隔绝，躲避战乱和自然灾害，为的是保护族人的生命不受危害，以及部落能够长存不息，这都是羌族人安全的需要。因此，他们世代建造了居住生活的庄房、防御瞭望的碉、生活与保护双重作用的碉房，以及室内外活动的空间环境场地。这些实用的功能需求，形成不同的安全含义，有保护生命之用、抵抗敌人和部落之间战争的碉、碉房，有维持长期生存、保持羌族人健康安全的庄房，还有适应气候环境的室外公共场所。然而无论哪一种安全体现，它们都是在功能复合需要后构成适应当地气候要求，达到热舒适的目的，而相关点缀的装饰和雕刻也只能在不影响适应气候的前提下适当考虑。因此，考虑居住安全必然就要适应气候、顺应自然条件，这三者密不可分。

随着 20 世纪末人类科技、工业的迅速发展，造成自然环境恶化加剧，居住的室内空间越来越大，所消耗的能源越来越多，为了满足能源的供给和人居环境的舒适性，人们狂热地采用暖通空调系统来达到这一目的，殊不知其结果是不理想的。因此，人类逐渐从传统设计理念和营造方法上去探索新的技术，创造生态节能的舒适人居环境，首先利用被动式系统来改变居住环境，其次采用混合系统与自然通风系统起到节能、降低能源消耗，符合再生能源的效果。譬如20世纪兴起的高新技术，其中就有部分建筑师转向更加可持续技术思想中。代表人物是意大利建筑师伦佐·皮亚诺，这种新思想在其建筑作品新喀里多尼亚岛的特古巴欧文化中心得以展现[35]，建设以引风入室内，减少太阳辐射直射，使用本地建筑材料，采用自然的装饰材料，结合当地传统民族的建筑造型，利用适应当地微气候的做法，设计出这样一个反常态、高技派的生态建筑作品。该建筑尽可能采用低经济成本，创造适宜的室内舒适度，到达适应气候的建造目的，这一做法也反映出现代高技术可以回归到传统技艺，以场地微气候为基础进行综合设计的理念呈现。

自然气候是地球生物不可缺少的，但当气候出现异常或受到无规律运动时，就会像生物的身体一般出现反常和病状，产生各种危及人类安全的自然灾害，譬如暴风雨、暴雪、干旱、龙卷风、海啸、泥石流、洪水、滑坡、塌方等现象。2019年7月23日，贵州水城县出现山体滑坡，据新闻报道当地时间23日21：20，六盘水的水城县鸡场镇坪地村岔沟组发生了特大山体滑坡灾害[36]。这一灾难是因当地连日降雨，雨量大、时间长所导致的，足以反映该地方受场所微气候影响严重，气候系统出现了问题。羌族地区也发生过大大小小的自然灾害，但"5·12"汶川地震后，当地开始保持全年气象监察和关注，重视当地气候环境的生态保护来维持气候系统的正常。由此可知，气候是导致安全形成的决定因素，而安全是气候状况的各种表现（图2.16）。

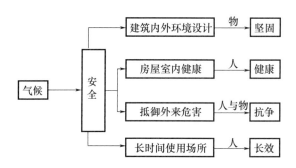

图2.16　气候下人与物的关系结构图

当人类建造居住环境之后，必须有维持生计的生产方式，这些生产方式会依据微气候和场地引导形成。生产方式是劳动者在社会生活中所必需的物质资料谋得的方式，是生产过程阶段形成的人与自然之间、人与人之间相互关系的特殊体系。它包括生产力和生产关系两个方面，生产力是指具有劳动能力的人与生产资料相结合而形成改造自然的能力，即人实际进行生产活动的能力；生产关系则是指人在物质资料生产过程中形成的社会关系。该关系是人类社会存在和发展的基础，人类生存需要的物质资料来源有多种，既有生理需要的五谷杂粮、蔬菜瓜果，又有心理需要的形式。生理需要的粮食、肉食都来自自然界的其他生物，它们的生长状况又根据整个自然环境、土质条件、适合的温湿度、肥沃的土壤，以及足够的光照，进而能保证农作物的苗壮生长，让人们有继续成长和发展的物质基础。因此，生产是根据各地微气候条件，并产生一些适合当地人生活需要的物质资料，维持人们生存以及进行适应气候的建筑环境营造工作。

羌族聚居的四川西北高山地区，地势复杂，生产用地极不方便，面积也较少，许多土地都依山的陡势而成，当地人早已习惯在这种地形种植农作物，如玉米、花生、辣椒、青菜之类。白天当地天空晴朗，日照时间长，辐射强度大，保证了当地作物获得足够的阳光，使土豆、玉米、麦子、桃子等产量较高，满足当地人的生活需要。在笔者对茂县和汶川的调研中，这两个县域的村落都能见到这些粮食、水果和蔬菜，所在地的海拔也均在 2300m，微气候较为相似，所以这两个县域的农作物较为多样，产量也能满足羌族人民的需求。除此之外，还有羌族人民养殖的动物，如牛、羊、猪。这些牲畜适宜高山圈养，丰盛的青草和其他植物给它们提供了充足的食物，开阔的草原、林地、清澈的河水，使这些牲畜膘肥体壮，既保证羌族人民有足够的肉食，又辅助羌族人民生产劳动，同时，诸如牛这类牲畜还是运载物资的劳动工具。

五、场所微气候作用下羌族传统建筑环境营造要素分析

（一）比例与尺度

比例与尺度是衡量场所形式美的两种法则，是传统建筑和构筑物、聚落评判的基本艺术原则，也是各国工匠设计和营造遵循的原则。比例是指物与物之间的大小、长短、面积等数量的相互对比关系。在传统村落有建筑与建筑之间的比例，建筑与植物的比例，建筑与设施小品的比例，建筑与公共空间尺寸的比例，建筑与道路之间的比例，建筑自身各个构件之间的比例等。这些比例从小到大，系统地整合成整个村落的比例，最终形成村落与整个自然环境之间的比例。当自然界有适合的人居环境比例，往往是优美的建筑景观。如北京的长城（图 2.17）、四川的峨眉山、云南的丽江古城、山西的乔家大院等都是这样的代表。如果对这些建筑景观展开进一步的调研和资料查阅，又会梳理出它们共同的规律，那就是各个地方的气候条件与村落环境相关，且村落环境形态与建筑形式之间非常协调，有适应当地气候的特点。

图 2.17　北京长城的自然景象

　　传统村落环境设计在注重实用功能的基础上，羌族人民为了营造舒适的室内外生活环境，他们考虑场所的建筑、坝子都要符合气候条件，并顺应地势、地貌，因地制宜地采用建造手段，才使人造场所与自然环境有机协调。从我国的北方到南方，东方至西方都是这样的表现，如河北省承德冰沟村落的石砌房屋与石板房屋，构成了北方地区特有的石作民居（图 2.18），呈现建筑矮小厚重，与周围自然环境和谐，以及建筑敦实坚固的感觉。而南方的江南水乡，气候湿润、炎热，气温高，地形变化大，下垫面种类多，海洋性季风气候显著，年降雨量大。那里的建筑以土、石、木结合，构成框架结构，悬山屋顶易排雨水，内部空间高便于自然通风，建筑背后的山脉与湖河的宽度和高度比较，尽显建筑的轻盈。南北两地的建筑景观，从建筑与自然风景分别做一个高度和密度的比例总图，发现它们与当地气候联系密切。比较典型的是西北窑洞（图 2.19），那种以气候地貌条件而营造的民居环境迎合了当地气候炎热、多旱，雨少，太阳辐射强，风大、速度快，气温高，湿度小的特点，所以当地人现在还保持着人类初期居住的穴居生活方式，建造窑洞环境。窑洞的室内外环境气候相差较大，室内受地热和土壤的阻热能让温度均衡，但是因内部环境通风不畅，日照深度不够，窑洞中难免出现潮湿的角落，不利于室内环境卫生，影响人的健康。然而从室内环境整体看，它还是人类适应地域气候的高智慧代表。窑洞室内空间的高度与深度在当地寒冷气候的影响下，是有限制的，相关研究证实，窑洞室内深度不能超过 21m，而窑洞洞口高度一般在 5m，其比例为 1/4 左右，超过这个比例值，窑洞较深的地方缺少生活的阳光和空气，这样的窑洞相当于地道，而不再是居住的房屋，同时室内不可能再具有热舒适性。窑洞入口墙体高度与所建山面的高度均要求与冬天能见到的太阳高度角为标准。

图 2.18　北方石作民居的敦实坚固效果

图 2.19　西北窑洞室内光照景象

　　西南部高原地区的羌族民居，依然采用石材砌筑，那些建筑高大、厚重，所用砌墙的石块大小不一，使得墙体较厚，最厚之处能达到 600～800mm，目的在于防寒保温，达到坚固抗震的作用（图 2.20）。建筑形态呈梯形，近似三角形，与山形相协调，建筑犹如景观一般在海拔 2000m 的高山上呈现高耸态势，从形态上房与山的比例尽可能相近。因此，在笔者对羌族建筑的室内高度与宽度对比时，发现它们之间的数值达到了 1/3~1/2。总体来看，在如此险要的地势上垒造，建筑均是向上发展的，这既是向地面以上要使用空间，更是与自然环境协调的比例体现。除此之外，建筑室外环境仍然有一定比例要求，它存在于人们的设计、营造中，因地域的不同而改变，如日照的需要，巷道密度、建筑之间距离范围、坝子周围建筑环境的高度等，都会在羌族人心中形成相应的数值。羌族工匠的建造口诀要求"鼻眼石一线天，各石退谷壳宽，屋见屋，太阳照在脚杆上，房靠房，留够人畜往前走"。这些话虽然没有修饰，却是羌族工匠世代口口相传的要诀和比例要求，是对部分地区羌族人造环境修建的"比例"概括。譬如《聚落空间特征与气候适应性的关联研究——以鄂东南地区为例》一文中，张乾对鄂东南地区聚落空间的巷道做了比较客观的分析"根据对测绘场地的数据统计，鄂东南地区主要巷道的宽度一般在 1.5~3.5m，次巷道的宽度在 1.0~2.7m，巷道与两

图 2.20　羌族传统建筑具有
厚重坚固的特点

侧建筑山墙的高度之比为 2~4，该巷道的高宽比值为 3~6，最后结论是鄂东南公共交通空间呈高而窄的空间特征。从而知道鄂东南巷道有大幅减少地面和外墙面受太阳直射时间少，让巷道出现凉爽的原因，进而可知控制外围结构和地面少受太阳直射是解决室外空气温度和湿度的有效措施。"[37]

比例从横向和竖向两个方向看，有高宽比（图 2.21）。横向指事物的宽度（w），竖向指事物的高度（h），还有就是高度（h）与长度（深度）（L）之间的比，或者建筑与空间宽度之比，或者长度（L）与宽度（w）之比。诸如此类的比例非常多，但无论是哪种比例，其核心都是为了适应气候在居住场所形成舒适性的健康环境，满足人可持续发展的需求。

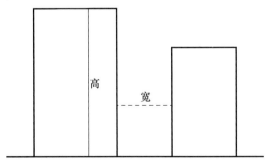

图 2.21　羌族传统营造具有高宽比的做法

尺度是物与人之间对比的关系，强调与人的高度、体积、距离、色彩等方面的比较，带有数值以外的强烈感情含义。尺度也常常用来形容场景的宏大、高耸、亲切、平和等意思，而在生物气候方面，由于气候对人的热舒适起着决定性作用，人对物在长、宽、高的尺寸上有着严格的把控，正如前面所说，建筑高宽比值的大小，制约着室内空间热舒适性，进而也控制着空间与人的尺度，形成平和、亲切的心理感受。尺度源于比例，同比例之间的本质区别在于各自针对的对象不同，比例针对物与物之间的比较，尺度是针对物与人之间的比较，两者比较结果都源于场所。场所是否长时间舒适又与气候直接相关，虽然尺度都有关于许多心理和主观上的感知，但是在这个认知过程中，其高低、长宽、厚薄、轻重都在于物与人的比较，人大脑得出的客观印象，并结合人的情感产生多样的结果。因此，尺度既和比例、尺寸有关，也与气候相联系。

人是尺度参照比较的主体，又是比较的重点，而场所微气候的核心是创造室内外人在场所中的热舒适，为人的生活提供宜人的微环境，两者都是为人提供长期居住、活动场所的观念，解决舒适性的目的。因此，尺度和场所微气候都有共同的目标，如果其中一项出现反舒适的效果，将导致另一项也出现同样的情况，影响场所环境的舒适性。在传统村落环境设计中，各座建筑室外景观均会因人的高度建造相应环境，而这些环境又因人对气候的感受形成一定的尺度。美国奥格兰德河支流峡谷的 Taos 印第安村落，整体尺度宜人，建筑环境和谐统一。建筑由泥砖和石块砌成，建筑之间紧紧相连，并聚集成密度高的建筑群。该村落的建筑高度较低，单层房屋在 3m 左右，二层以上在 5~8m，这对平均高度 1.76m 的印第安人来说，空间显得非常拥挤，然而这种低矮尺度的当地建筑空间和较窄的室外公共广场，恰好适应了当地气候。Taos 地区冬季冷，夏季温和，雨多，属于亚热带季风气候，当地建筑为了保暖，采用了厚600mm 的砖墙，窗口小。夏天因散热的需要，建筑顶部开有洞口，类似于房屋常见的天窗，起到拔风、散热的效果。该村广场位于建筑之间，类似于宽敞的道路，村头宽，村尾窄，环境十分简单，地面没有任何铺装，也没有设施小品、植物，只有废弃的土砖和石块铺垫，其视觉上美观的不足，却又因尺度的和谐，使得它具有通风较好、凉爽的热环境作用，因而成为当地村民交流、孩子嬉戏的地方。

道孚传统村落如其他地区农耕的藏族村落一样，建筑密度较高，室外环境主要以巷道、坝子、水沟、菜地为主，以及宗教的玛尼堆和白塔。道孚的传统建筑较有特色。其名为"崩科"[38]，意思是木构架的房子，为框架和承重墙组合的混合结构。建筑底层是石砌墙，用于圈养家禽；二层由木材拼装，住人，通常高 7m。三层的崩科建筑极少，建筑（开间）较宽，几乎与长度（深度）相等，形成方形的平面，其高低的纵横尺寸完全以人的身形尺寸为依据，利用模数方式增减室内面积。整体室内空间低，尺度近人。建筑在开阔的草原上显得低矮与方正，有一种不惧寒风撕裂的勇气（图 2.22）。道孚位于四川省甘孜藏族自治州的西北鲜水河断裂带，那里地势平缓，海

拔高度平均为 3245m，气压低，属于高原河谷寒温带大陆性季风气候，平均年降水量
为 589mm，年日照平均时间为 2341h，年平均气温为 8.2℃，昼夜温差极大，春夏不
分明，冬季时间长，且气候干燥，夏季时间短，这些气候条件使当地崩科建筑尺度低
矮，保证当地人尽可能保暖防寒、防风，建筑南向窗户数量多，面积大，洞口尺寸也
大。主要是利于采光、吸纳太阳辐射，以换热和传导方式升高室内空气温度，使夜晚
室外的低温不影响室内。为长时间适应高原恶劣的寒冷气候，崩科建筑体系始终把保
温作为重点。

图 2.22　低矮的藏族建筑与周围环境构成的景象

羌族传统村落环境主要位于海拔稍低的高山区域，小气候条件略好于高原气候，
建筑外部环境的尺度虽然尽显高耸，但其室内空间尺寸却十分低矮，体现室内环境与
人的尺度及协调的比例。同时保持了温度均匀的效果，而室外公共环境开敞，面积
小，周围所建的庄房与植物呈半围合形式，在微气候影响下的微环境遮挡冬季主导
风，保障羌族人举办的重大活动能顺利举行，满足他们在节庆日跳锅庄舞的心愿，使
其尺度与人之间有机的调和。

（二）材料与构造

材料是一切营造活动的物质基础，在过去这些物质是各地各民族因地制宜建设的
要素之一，正因为有了各地的材料，才出现各异的建筑形态和人造环境。传统营造环
境的材料，主要有木、竹、藤、鹅卵石、泥土、夯土砖、草、黏土砖、铜、铁、金、
银之类。这些材料实质相同，用于场所起的作用却不一样，譬如同样夯土造就的房子
及环境，川渝地区的土房就显得匀称轻巧（图 2.23）。其在适应气候条件上有些独到
的做法，在夏日温度较高、湿度较大的时候，封闭的夯土屋能较强地隔绝室外的热辐

射，墙体与屋顶之间预留的缝隙成为引风降温的地方，室内通风主要依靠门与缝隙产生的对流，使房屋虽然东、西、北三面无窗户，全天却温、湿度均衡，人在其中能感觉到凉意。从夯土的热工性能看，它有良好的保温隔热性，能够很好地保持室内温度，阻隔室内外热交换。

图 2.23 川渝地区民居所形成的匀称轻巧风貌

在传统聚落环境中，泥土经过夯实用作围墙、台基等构筑体，其不足之处在于它的防潮和耐水性差，因此，许多传统民居以石、砖混合使用，墙的基础用石块垒砌，墙身用夯土起到隔潮的作用。我国福建气候湿热，土质坚硬，在永定县有许多平面为环形和方形的土楼。这些土楼高低不一，有单层的，也有 2～3 层的，它们全由泥土夯筑而成，内环有门窗，面向圆心，而外环底层无窗，三层才开窗，其尺寸较小，目的在于防卫，之后才用于采光、通风。建筑室内环境整齐而规则，各个功能空间分隔明确，室内家具布局井然有序，为了适应当地较重的湿气，墙体夯筑近 1.0m 厚。这些厚度保证房子的敦实，也对室外具有隔热性。内天井地面和底墙面温度低，并促使热气流形成通风的作用。它们对人的环境辐射少，从而产生了湿热地区民居微气候的降温效果。

材料与气候自古以来便相辅相成，土的形成源于地球上各种复杂因素相互作用，成土因素在于气候、母质（岩石风化物、风积物、河流冲积物等）、植被（生物）、地形、时间。气温和降水是影响岩石风化、成土的重要过程因子，土壤中有机物的分解及产物迁移也会影响土壤其他的情况，所以气候直接或间接影响土壤的形成。木、竹、藤等材料都来自地球上的植物，它们属于生物界的一类，被分成藻类、菌类、蕨类和种子植物。其中种子植物又被分为裸子植物和被子植物，虽都属于生物，它们都没有神经和感觉，却可以产生叶绿素，其形成过程会随气候的变化而变化。大约远古时期（25 亿年前），地球上最早出现的植物是菌类和藻类，它们生长非常繁盛。到 4.3 亿年前，藻类中的绿藻部分开始摆脱水域环境的约束，在陆地上生存，进化成蕨类植物。这时地球有了绿色，到 3.6 亿年前，蕨类消失，取而代之的是松类、楔叶类、种子蕨类，它们形成沼泽、森林。在 2.4 亿年前，因地质、气候变化的原因，古生代植物主体全部灭绝，而新生的裸子植物出现，它们进化出花粉管，完全摆脱对水的依赖，形成了茂密的森林。直到 1.4 亿年前，被子植物替代裸子植物，真正成为人类使用的建筑木材。诸如松树、柏树、水杉、红杉之类，这些树木正好在高山的羌族聚居地区都能见到（图 2.24），部分树是羌族人建设的主要材料。

图 2.24　羌族传统村落周围的树林景观

石材的种类较多，有岩浆岩、沉积岩、变质岩等。岩石是天然产生且具有稳定性的矿物质，也是构成地壳和地幔的物质基础。岩浆石是由高温熔融的岩浆被地表和地下土壤冷凝形成的岩石。沉积岩是地表受到自然风化、生物和火山多重作用下的产物，在经自然和气候能量的搬运下，沉积和成岩固结成的岩石。变质岩是由岩浆岩、沉积岩或其本身在地质环境的改变下，变质后形成新的岩石，从地球岩石构造层看，地壳深处和地幔的上部由变质岩石构成，地表以下 16km 范围内为 95％的火成岩石和 5％的沉积岩石，以及不到 1％的变质岩石。地表一般以沉积岩为主，据说它占陆地面积的 75％。因此，传统和现代建筑及场所环境所用的石材，均是沉积岩。对传统建筑材料的梳理分析可知，它们正是在气候及相关要素的作用下形成的自然资源。

村落室内外环境的设计和营造，以及各地建筑形态不一样的原因在于人们熟悉了这些材料的特性后，应用这些自然材料，并根据气候条件建造舒适的居住、活动场所，导致它们形态各不相同。因此，传统的建筑材料来自于自然界却又适应当地的气候环境。同时，各地微气候的不同，又影响了各地使用不同的自然材料修建场所环境，它们相辅相成。

构造与材料、气候、人、场地紧密联系，它们之间是一种逻辑的关系（图 2.25）。材料是构成建筑环境的基础部分，也是自然资源的一部分，各种各样的自然资源源于气候对它们不同程度的影响，使它们形成各地的建造材料。材料要实现建筑室内外环境须通过一种组织形式，将它们组合起来构成整体，形成相应的空间，保证材料的实用性和可塑性，而各种各样的组织形式其实是材料之间的搭接、叠置、弯曲、交错、穿叉的构造（图 2.26）。这些构造是物与物之间连接技术的体现，以及严密的围护保障，反映在适宜微气候的防雨、隔热、隔音、保温等方面。其效应均达到构造空间和解决空间中人的生活需要，以及适应气候、创造室内外环境舒适性的目的。构造的基础是材料，其作用是满足人的安全性与舒适性，并支持结构和场地的发展，达到这些要求的同时符合气候的变化。因此，构造是场所环境或者说是建筑室内外环境构成的手段，气候是这一构成的决定因素，一切场所构造终究要回到为人的核心上，利于人居住的空间和使用的安全。

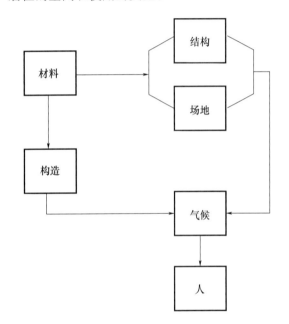

图 2.25　构造与材料、气候、人、场地的关系

图 2.26　羌族传统建筑中各种
材料的组合情况

　　前面两个地方的建筑环境，其材料均是土，然而因为各地建筑室内环境要适应当地气候，于是产生了两种截然不同的构造形式。四川中部地区的部分建筑墙体是土坯砖，俗称"夯土砖"，以一顺一丁的方式筑成。夯土砖是由泥土和碎秸秆被拌和倒入木模子，再放在地面上，经过日晒变干硬后形成。夯土砖是建筑墙、围墙、台基的主要砌筑材料。通常羌族建筑墙体厚度在 400mm 左右，砖与砖之间用黄泥粘接，在达到一定高度（大约 2.8m）时收边，墙顶长边搭木檩，墙面涂抹黄泥，有填补缝隙防风和美观的作用。这个地区还有一些做法，就是直接用筛过的半干半湿的泥土，通过固定的木板模具，匠人拿木槌一层一层地用力夯筑墙体，每三层顺方向置一根木棍或木板，起横筋作用。这种构造方法需要每一层夯土墙基本干硬后，才能架板夯筑上面

一层，整个夯土墙结束，墙面依然保留着模板夹着泥土的印痕（图 2.27）。用泥土构造的方法是这两个地区的当地人在遵循当地气候和地质条件下采用的方法。当然仅依靠墙体构造是不可能完全满足多雨的气候的，只有在屋顶上增加一些坡度才能解决防潮湿的需要。由此，这些建筑环境的屋盖，使用了两坡屋顶长挑檐的形式，巧妙地达到排雨和防潮的目的。福建土楼的墙体和屋顶做法与四川中部的夯土墙十分相似，两者区别在于福建土楼地区属于海洋季风性气候，那里降雨量较大，当地人为了保护土墙有意把建筑的屋檐建得更长，让挑檐遮挡住室外环境的雨水，其做法十分巧妙。

图 2.27　保留着模板夹泥土印痕的墙面效果

　　根据气候影响的构筑方式有多种，它们在满足稳固的结构和材料性能上，形成一定对应的功能逻辑关系（表 2.2）。依据英国学者斯欧克莱的气候划分法，分为干热气候、湿热气候和寒冷气候。干热气候区分布在赤道两边南北纬度 15°～30°，如非洲的撒哈拉沙漠、中东的科威特和沙特阿拉伯等地区，以及我国新疆部分的沙漠地带、吐鲁番盆地，四川南部的攀枝花、西昌市，云南的大理、丽江等地，其夏季气温均高于 40℃，夜间温度降至 20℃，雨少，风大；湿热气候地区位于赤道附近的我国广东、台湾地区，东南亚部分地区，大洋洲、南美洲、非洲部分热带雨林区，气候高达 40℃，气温高，降水量也大；温和气候地区，位于我国的新疆部分地区、西藏北部、宁夏、内蒙古、甘肃、陕西、山西、北京、天津等地，气候随季节变化而不同，冬季寒冷，夏季暖热，春秋温和，四季分明；寒冷气候地区有中国的东北部和北美、北欧，大部分时间月平均气温低于 -15℃，分布于北纬 45°以上地区，冬天寒冷干燥，年温差大，夏季日照佳，降水多，春秋季短，相对湿度在 50%～70%。根据《民用建筑热工设计规范》（GB 50176—2016）[39] 规定的热工设计分区，从建筑热工设计角度，采用累年月的 1 月和 7 月的平均气温作为分区，累年日气温小于或等于 5℃ 的天数，大于或等于 25℃ 的天数作为辅助指标。根据它们气温出现高低的天数，遵循相同的分区结果，将我国分成 5 个气候区，分别是严寒地区、寒冷地区、夏热冬冷地区、夏热冬暖地区、温和地区。

表 2.2　中国气候地区分布与建筑材料、建筑结构的归纳

项目	类型				
	严寒地区	寒冷地区	夏热冬冷地区	夏热冬暖地区	温和地区
地方	东北三省、高原地区	北京、天津、河北、山东、山西	四川、贵州、湖南、江西	广东、广西、海南	云南

项目		类型				
		严寒地区	寒冷地区	夏热冬冷地区	夏热冬暖地区	温和地区
材料		土、石、	土、石、木	土、石、木	土、石、木	土、石、木
构造	环境	地基基础、地面、土墙、构筑物、小品	地基基础、地面、土墙、构筑物、小品	地基基础、地面、土墙、构筑物、小品	地基基础、地面、土墙、构筑物、小品	地基基础、地面、土墙、构筑物、小品
	光照	地基基础、地面、墙身、楼板层、楼梯、门窗	地基基础、地面、墙身、楼板层、楼梯、门窗	地基基础、地面、墙身、楼板层、楼梯、门窗	地基基础、地面、墙身、楼板层、楼梯、门窗	地基基础、地面、墙身、楼板层、楼梯、门窗
结构		砌体结构	砌体结构、抬梁式结构	砌体结构、穿斗式结构	砌体结构、干栏式结构	井干式结构、干栏式结构

注：根据实地调研情况和资料查阅、归纳整理而得。

羌族传统村落环境的室内外构造与做法，因海拔高度不同略有改变。笔者在调研过程中发现海拔越高的村落，当地人采用的自然材料越单一。常见石材和木材结合构造的庄房，譬如茂县的四瓦村、王泰昌官寨的民居（图2.28），以及泥土、木材的做法，理县的萝卜寨是代表。海拔低的羌族地区，如平武县海棠村的建筑均是木材构造，做法随海拔的气候不同发生变化，由高海拔到低海拔，呈现冷到热、干到湿的渐变。太阳辐射由强到弱，雨量也由少到多，从而形成高海拔的石木砌体结构，墙体普遍采用石块错位砌筑，石头均是不规则的，以泥土粘接，有时也做空心墙，毛石填补墙心，起到保温层作用，整面墙自由的石头外形与错缝叠置构成了自然的纹理（图2.29），让村落环境和自然景观和谐统一。室外环境也是如此，多见石材或者木材构筑，场所做法较简单，没有过多的修饰，仅仅是实用、坚固的搭接表现。泥土、木材相结合的构造，采用木模板夯筑而成，泥土中增加一些牛毛、草秸和动物排泄物，使建筑厚重，具有保暖的功效。而低海拔采用榫卯构造，采用干栏式，底层圈养牲畜，墙面用木块拼贴，土砖砌筑。现在一些房屋用黏土砖砌墙，采用一顺一丁式。这种形式没有太多新意，只是保证墙的牢固和适应当地气候的要求，但它周围环境的构造做法相对高海拔地区丰富许多。坝子一般都用毛石和石板铺装，图形自由（图2.30），其周围种植有果树，如核桃树、梨子树。它与院路连接，为场所提供了方便。常见的会在场所中摆置木凳，供村民休息和放东西。总体看来，在不同海拔地区因气候的差别，过去羌族人对建筑室内环境和室外环境的构造做法是不一样的（表2.3），呈现出室内环境优于室外环境的表现。

图 2.28 王泰昌官寨的石砌建筑 **图 2.29 石头砌筑与错缝叠置构成墙面的纹理**

图 2.30 用毛石和石板铺装的坝子形式

表 2.3 不同气候地区室内与室外的建筑构件材料、构造做法统计

气候	做法										
	室内环境						室外环境				
	地基	基础	墙身	楼板	屋盖	门窗	地基	基础	地表	构筑体	路缘
严寒	深土层	砌石	砌石、夯土、土砖、砖	木构、覆土	木构、覆土、苫背、盖瓦、铺石块	木构、土石砌筑	土层等	土层、砌石	夯土、铺石等	木构、石砌、土筑、植物堆等	石砌、土筑、植物堆等
寒冷	夯土、砌石	夯土、砌石、立木	砌石、夯土、土砖、砖	木构、覆土	木构、覆土、苫背、盖瓦、铺石块	木构、土石砌筑	土层等	夯土、土层等	夯土、铺石、地砖等	木构、石砌、土筑、植物堆等	石砌、土筑、植物堆等

气候	做法										
	室内环境						室外环境				
	地基	基础	墙身	楼板	屋盖	门窗	地基	基础	地表	构筑体	路缘
夏热冬冷	砌石	砌石、立木	砌石、夯土、土砖、砖	木构、覆土	木构、盖瓦	木构、砖砌	夯土、铺石等	夯土、铺石等	夯土、铺石、地砖、鹅卵石、陶块等	木构、石砌、陶瓷构、土筑、其他植物构成等	石砌、土筑、鹅卵石、陶块、植物等
夏热冬暖	砌石	砌石、立木	夯土、土砖、砖、木构、竹搭	木构、竹构等	木构、盖瓦、竹构等	木构、竹构、砖砌	夯土、铺石等	铺石等	夯土、铺石、地砖、鹅卵石、砂砾、陶块等	木构、石砌、陶瓷构、土筑、其他植物构成等	石砌、土筑、鹅卵石、陶块、植物等
温和地区	夯土、砌石	砌石、立木	夯土、土砖、木构、竹搭	木构、竹构等	木构、盖瓦、竹构等	木构、竹构等	夯土、铺石等	铺石等	夯土、地砖、鹅卵石、砂砾、陶块、铺石等	木构、石砌、陶瓷构、其他植物构成等	石砌、土筑、鹅卵石、陶块、植物等

注：根据《民用建筑热工设计规范》（GB 50176—2016）规定的热工设计分区整理而成。

（三）体形与虚实

1. 体形

受室内热舒适影响，气候各个因素都是热舒适的组成部分，热舒适的部分变化，都会使室内环境改变，并且这种改变主要反映在体形上。体形在建筑环境的释义是人造构筑物整体的形貌。该词是从建筑上的建筑体形引用过来的，其原义是"体量和形式"[40]。体形决定着建筑和构筑物的保温，也是营造要考虑的重点，如果羌族传统村落的体形和外貌不佳，建筑之间层次不清楚，组群不明晰，那么它也不可能有特别的人居环境魅力，更不可能让现代人对它们产生好感和探究的想法。正如西南交通大学季富政教授所说的："每个寨子由数量不等的家庭单元组成，小则几户，多则百家，规律性极强，又形式多样。"[3]体形是需要变化和统一的，而变化对村落的建筑而言，一般是增加建筑外表面的面积，而这恰恰是影响节能、影响室内外空气热量传递的关键。因此，体形的大小，简单或者复杂都是影响建筑温湿度能否均衡和是否舒适的要点之一。

村落环境的建筑体量是最大的，气候接触地表面是最多的，建筑是人居住、生活的集中场所，适应气候、满足安全和舒适是最终目的。为了这样的目的，人类必须让建筑保温隔热，达到冬暖夏凉的效果。在实现这样的结果时，既需要构造、材料、朝向等做法，也需要考虑整个体形表面与气候相接触的情况。这一点正是形态与保温相矛盾的，于是根据热传递原理知道"一幢建筑物在温差条件一定时，总传热量的多少，是与建筑围护结构总面积的大小成正比的，减少外围护结构总面积也就能减少能耗，既可节省经费开支又节约能源"[41]。为了可持续发展，人类尽可能减少对不可再生自然资源的浪费，考虑减少建筑外表面积与气候的接触，达到生态节能的结果，当然会把建筑外表面积减小，这意味着建筑体形需要规整，如正方体、圆柱体、棱锥体等，从而在民居建筑设计上，反映在简洁的建筑平面形式和体形上，减小外围护结构的总面积，这些优化就是真正能降低能耗的有效性营造措施。

如何判断建筑围护面积的有效减小？人们可根据建筑物理上的体形系数来判断。体形系数是指建筑物与室外大气接触的外表面积与其所包围的体积的比值，但是这里的外表面积不包括地面和户门的面积。通过比值，可推断在建筑围护结构保温水平一致的情况下，建筑物的耗能量随体形系数的增大而增加。在《严寒和寒冷地区居住建筑节能设计标准》（JGJ 26—2018）规定中，有关于寒冷地区及地带的建筑物体形系数的控制指标，三层及以下的低层建筑体形系数应小于或等于0.57，四层以上的建筑体形系数应小于或等于0.33。由此，建筑体形的设计决定着建筑室内的热舒适情况，也影响着能耗。在世界各地出现许多为适应当地气候而形成的几何化的建筑，产生了简洁而丰富的村落景貌，这些景貌均是当地人在千百年的世代生活中总结出的体形经验和营造的结果，对他们原生态环境保护与节能方面具有较好的指导作用。生活在北极地区的因纽特人（又称作爱斯基摩人），一直生活在格陵兰地区，那里属于美国的阿拉斯加、加拿大北部和俄罗斯白令海峡区域。该区域常年暴风雪，冬季寒冷且漫长，几乎在−30℃，夏季时间短，气候凉爽，最暖和的月平均温度不会超过10℃，然而即使在这样严酷的气候条件下，那里仍然有13万人口，如此的人口数量得益于他们创造的居住室内环境与室外环境。因纽特人的房屋体形是一个非常简洁的半球体（图2.31），与北京的国家大剧院形貌相似，规则的几何体使建筑外表面接触室外气候的面积降低，保证了室内传递给室外的热量少。建筑围护墙体是用雪块砌成的，墙体厚度为500mm，室内空间较小，地面面积在8m² 左右，仅能容下床，其余活动空间十分狭窄。床是由雪块砌筑而成的，上面铺设兽皮，以鲸鱼灯照明、采暖，这样能让室内更加温暖。当室外温度在−30℃时，其室内温度会在−5℃以上。而室外环境是半穴居的形式，因纽特人常用雪块砌成挡风墙和分划用地的路缘石形状。邻近建筑周边，地面平整，余雪被清扫干净，而远离的环境就呈现自然的白雪景象。

图2.31　因纽特人的房屋体形示意图

我国四川羌族村落环境的建筑形式不是半圆壳体，但其体形极为简洁，呈上小下大的棱台体，类似于方台。羌族建筑除北川和平武县域民居形式为干栏式、穿斗式，其他地区的建筑均采用方台造型，这些建筑有庄房、碉房（图2.32）、碉。建筑层层叠叠，错落有致，体现出稳定、坚固之感，这样的景貌和形态其实已反映出该建筑有保温、防寒的功效，总而言之，其体形起了很大的作用。这种做法又出现在当今公共建筑的设计中，马岩松设计的哈尔滨大剧院采用了3个椭圆形的体形，创造了似雪花的景观形态，表征上有当地冬季白雪覆盖的含义，然而真正创作建筑的初衷，是体现该建筑生态节能的作用。首先是简洁的椭圆形，让其表面尽量少与寒冷的气候接触，减小体形系数，保证温度；其次圆形的建筑对大气的流动阻碍小，因为一般大型的公共建筑均较高，10m以上风流的区域高度也正在这范围内，所以该建筑不会遮挡背后其他场所的微气候，同时保证了风的正常流向，较少带走室内的热量，这正是规则体形适应气候的表现。

图 2.32　羌族传统村落中碉房的形貌

2. 虚实

虚，一般指看不见、摸不着的空间部分，本书称为虚域。实，则是相对能看得见摸得着的部分，本书称为实体。虚、实互为补充，为有衬托的主次关系，有的称它们为"图底关系"[42]。在传统村落的环境设计中，古人已将这种实与虚的"图底关系"应用到实际的营造场景中，反映出实体的"建筑""构筑物"与虚域的巷道、坝子、庭院、水域等的对比。譬如，季富政教授的著作和成斌的论文在介绍羌族桃坪羌寨时，都有关于村落实体与虚域的论述。然而过去因缺少撰写羌族传统技艺的系统理论，导致没有拓展，而当代行业人员不断以"图底关系"研究空间的语境，传统园林建筑与园景的实体、虚域的设计思想和设计手法获得了较多的成果。《江南古典园林艺术中的图底关系浅析》中有述："线式的空框，在构成上并非一般的隔断概念，但由于它们的几何规则性，使其空间由于具有造型意义而与周围空间相区别，构成了有意义的图形，像一面'墙'一样起着隔断的作用，也就是一种虚形态的'底'的作用。而借景，一般指将园外景色引入园内。如无锡寄畅园巧借锡山龙光塔景色，扩展了园林本身有限的空间，使远景呈现于眼前成为'图'的形式。"[43]除对古典园林有

"图底关系"分析之外,张乾在对湖北东南地区聚落空间的研究中也采用了图底空间语言,分析乐木林村的空间形式,对照从实体的民居看虚域的室外公共空间。它用黑白区分,黑色为实体,即为屋顶;虚域留白,为公共空间,从黑白图底上获得村落环境的密度、容积率。

根据"图底关系",如果把实体与虚域的颜色交换,图面的白色为实体区域,有膨胀的视觉效果,而黑色为虚域,具有收缩紧张的效果。对此,作者能够初步推断室内外环境的温湿度情况。实体表示密度高,室外空间狭小,室内通风不畅和风速较小,进而推测室外风难以进入室内,从而导致室内闷热。建筑墙体受白天太阳辐射直射,墙面蓄热大,到了晚上,这些热能经过对流的方式,传递给室内,同时墙面白天受热也会让表面辐射温度增高,影响室内的空气温度。由此,该村落的夏季时段,建筑室内环境热舒适性较差,为了减小这些不足,过去当地人采用升高室内层高和加盖阁楼的方式帮助缓减室内白天的得热,保障夜晚室外气温在微气候环境下,以气压差的方式促进大气流动,形成局部风,带给室内凉爽。这些做法具有一定作用,如增加墙体高度,可以让高出部分的女儿墙挡住下午太阳西晒的阳光,让红外线难以直射到庭院和室内,保证室内环境的温度不会增加,夏季达到一定的舒适性。

在村落环境设计,以场所微气候通过"图底关系"的空间设计语言研究,发现适应情况与相应的对策。首先,从图底的色块面积知晓实体与虚域之间的面积比例,从而判断室内外环境中辐射得热的情况,了解跟气候相关的实体布局、朝向;其次,根据图底色域的相互变换,推断两者用地面积,知晓主要场所的设置位置,适应气候条件的情况;再次,通过图底空间语言辨明交通路线与风向关系,了解村落中人群活动场所的布局和位置设计理念,进一步确定村落室外环境的热舒适情况;最后,图底关系能够清楚地显示村落形成的族缘关系,空间的密集和疏散形式,大致区分不同建筑群的温度,又能知道村落实体成组的原理,便于划分空间。实体与虚域是从建筑之间的空出区域进行的分类,它们是村落最主要的构成要素,而建筑之间空出的区域,也有立体的,一定高度的构筑物和植物,因为不是人栖居的主体,所以均属于虚域。虚域又包括广场、坝子、道路、石桥、水槽等地方。

实体与虚域既指村落平面形成的关系,又有竖向的关系,这两种关系体现出三个方面的特点:一是反映了日照范围和太阳高度角的大小,体现村落建筑室内环境的照度和亮度情况;二是根据室外环境的高宽比、窗墙比、窗地比的情况,能分析出各自太阳辐射的得热情况;三是村落环境的天际线和楼层数,以及整个形态(图2.33)。竖向的实与虚,一般通过剖面图或立面图表现。由日照可知村落中建筑接受太阳直射的方向和角度,以及建筑之间的距离。如果太阳照射范围大,必然导致室内采光强,得热量多,冬季较好,反之,夏季环境就不理想。当人们结合太阳高度角的普遍情况看时,冬天太阳的高度角小,夏天太阳的高度角大,而一天中的正午,其高度角最大,上午和下午太阳高度角值基本相同,只是位置不同且方向相反。在羌族传统村落环境，高山型的村落接收太阳的辐射直射较河谷型村落时间长，于是在高山上的传统村落，建筑明显高，墙体厚，材料多用石材，建筑之间的距离近，窗口小，目的是防止太阳直射和长时间的日照，减少紫外线和可见光的作用，保持室内接近热舒适的气温。

图 2.33　村落环境的天际线和楼层数表现

　　室外环境的高宽比，指围合路的建筑或构筑物界面的高度（H）与道路横坡面宽度（W）的比值（D），其实就是巷道宽窄情况。可用下列公式表示：

$$D=H/W$$

式中，H 表示建筑界面的高度；W 表示建筑界定道路的横坡面宽度。

　　这种比值反映巷道空间的几何特征与热环境的关系，可以说巷道高宽比与巷道走向是影响巷道热舒适的主要原因。有研究表明，当人站在巷道宽度的中心位置时，高宽比越小，其看见的天空范围就越大；反之，可视范围小。当可视范围小的时候，说明巷道两侧建筑高，巷道窄（图 2.34），在巷道的人见到的阳光就少，阳光只会照射到墙体中线以上，使墙体表面的平均温度低，对巷道地面的空气温度影响较小，因此，巷道的热环境较好。Arnfield 研究过街巷的高宽比，对巷道接收太阳的辐射量进行了试验。他发现不同的高宽比，其范围是 0.25～4。当街巷高宽比变大时，说明进入巷道的太阳辐射少，其墙面接收到的直接辐射的表面积也会减小；晚上，巷道底部的温度受白天热辐射作用，其围合的墙面会把白天的蓄热通过换热的方式传递给空气。而巷道顶部空间则因晚上温度降低，换热快，上层空气温度相对低一些，会与下层热空气形成气压差产生对流，形成巷道的弱风，而变得舒适一些。

　　窗地比与窗墙比，则是针对室内环境热舒适的研究方法。其方法同室外的高宽比不一样，但原理是一致的。区别只是两者比较的对象不同，室外是墙与地的尺寸之比，室内是窗与地面的面积、窗与墙体表面的面积之比。从它们的比值来看，比值越大，室内得热越大，日照范围大，照度强；反之，比值越小，室内得热量就越小，日照范围也就越小，照度越弱。这在羌族传统村落的建筑室内各个比例上能看到结果。羌族高山上的建筑窗口非常小（图 2.35），尺寸大致在 300mm×300mm，室内光线不足，十分暗淡，仅仅在靠近窗口位置才能看见事物。

图 2.34　羌族传统村落巷道的　　　图 2.35　羌族碉房上的窗口尺寸与
　　　　　宽窄情况　　　　　　　　　　　　　墙体比例情况

　　本章从不同角度分析场所微气候的内涵，明确其概念与气候的关系，以及同羌族传统村落环境，还有建筑的作用；通过对羌族传统村落环境与建筑环境营造要素的详细分析，获得羌族传统村落源于选址、朝向、形态、空间、生产、安全、交通等方面的做法和思想，进一步了解其中传统建筑也源于比例、尺度、结构、材料等方面的做法和思想，集中体现了羌族人民为保证建筑室内外环境的舒适性，世代所进行的营造努力，从而体现了他们的建造智慧及方法。

第三章　场所微气候影响的羌族传统
村落环境演进分析

本章简要阐述羌族传统村落环境的产生、发展过程，梳理其形成的历史原因和必然结果，进而依照历史过程和文献资料的载录，总结出五种传统村落环境类型，即高原型台地聚落、高山型村落、半高山型村落、河谷型台地村落与丘陵型村落。不同的村落类型，其修建时间不一致，受气候影响的程度也不一样。一部分是受气候影响形成的，另一部分是受战争、掠夺、经济政治影响产生的，无论怎样，羌族部落—聚落—村落（村寨）发展，其实是一段曲折坎坷的迁徙史，并且羌族的迁移历史是现代我国少数民族的发展历史，因此研究起来很有意义。

本章依据多种传统村落环境营造类型和村落的界限范围，分别从横向分析传统村落以碉为中心的布局，以官碉为中心的布局范围，包括道路、水系为轴线的布局范围和室内环境设计的布局范围。又以相同的方式分析竖向的羌族传统村落环境设计范围，从边界方向论述了图底关系中的主景与背景及在气候方面的表现，从而在多种角度，让传统村落环境营造有了明确的村落界限和范围，有了清晰的类别成果和研究范畴。

一、场所微气候及环境影响的羌族传统村落环境形成史

羌族传统村落环境形成是非常漫长的一个过程，最初它是由几户人家组成的一个聚落，由血缘关系或者一个族系构成，散落在各座高山隐蔽的树林中。唐宋时期羌族大规模的移民让各个聚落发展到如今的数量和形式。一些专家根据羌族传统村落环境的选址，判断羌族传统聚落环境早年建于高山处，之后逐渐向山下迁移，后来就有了河谷的聚落，如姜维遗址（图 3.1）。李伟在《羌族民居文化》中指出："根据调查，历史上较为集中、较为完善成熟的羌族村寨大多坐落在高半山上。至今高海拔的地区依然散布着一些废弃的房屋遗迹，而近几十年新建的民居则大多分布在较低海拔的河谷台地上。"[44]按理推测，羌族传统聚落及村落环境设计应该较早时期处于高半山及高山之上。季富政教授著的《中国羌族建筑》一书，明确阐述了"又以高半山、半山地带最有古代遗存的遗址特色"[3]。该书同样提到羌族传统村落是由高半山到半山的发展关系。

图 3.1　建于高山处的姜维遗址

高半山或高山羌族传统村落的选址非常隐蔽，周围有山峰峦石遮挡或者茂密的树林与植被掩盖，很少能一眼看到村落全貌。比如现存的黑虎寨村落，被建于高半山之上，其周围山峦起伏，建筑环境与自然环境融合，当地人选用的建筑材料又与自然环境一致，在茂密的树丛中时而掩饰，时而开敞，在人迹罕至的山脊上，从远处不同的角落观察，都难以发现几十户人聚集的古村落（图 3.2）。类似于这样的传统村落在羌族地区还有许多，如增头寨、萝卜寨、布瓦寨等。这种隐藏与羌族人自古以来对大自然气候的抵抗、部族之间的野蛮战争是分不开的。从羌族发展历史来看，该民族在每个时代都有一种对大自然的依赖和敬畏，族人会选择相对的方式适应。不仅是羌族，其他民族也会用同样的方法应对，比如，西南地区的彝族人，同样生活在严酷恶劣的高山环境。由于过去认识水平低下，彝族人民被自然所蕴含的神秘力量所震撼，由此产生了畏惧和崇拜的心理，形成彝族原始的宗教和"万物有灵"的图腾崇拜。因为对老虎的图腾崇拜，彝族人便把它绘制在相应的生产工具和建筑环境的构件上，以祈求保护村落的羊群不会受到豺狼的伤害，相应地衍生出传统的民族活动——跳虎舞。

图 3.2　几十户聚集的羌族古村落

在羌族人聚居的地方，气候十分恶劣，地势险要，山势陡峭，道路曲折，甚至许多村落无路可走。在农耕和牧业结合的生产方式下，当地人极少下山，他们过着自给自足的生活，由此山路少有人行走，致使羌族先人曾经开辟的小路慢慢地被沿山生长的灌木、树木、青草所遮掩。过去在羌族人无法理解和预测气候的情况下，高山上时而降雨、下暴雪，时而出现急风，对羌族人民的房屋、牛羊、粮食造成极大的破坏，但人们又无能为力，于是形成了万物崇拜的泛神信仰。释比是神的人化身，主持羌族的各种祭祀仪式。这些宗教信仰和习俗文化，表明羌族人把自然界的一切气候现象都化作神，建造遮风挡雨又十分安全、置身世外的居住环境，遮蔽各种神的注视，从而在更高的山上建造栖居的避所。

羌族世代一直受到大大小小的战乱影响。因土地、人口和牲畜等被侵占，发生了千百次的战斗，既有盗匪掠夺的械斗，更有为争夺资源族人之间产生的仇杀争斗，致使羌族人口数量在不断的减少。历史上有数据显示，我国西汉时期羌族人口的数量较多，郑州大学博士学位论文《西汉人口研究》[45]就有这样的描述。杨子慧主编的《中国历代人口统计资料研究》一书认为"羌人至多25万～30万"[46]，作者对羌族人口进行历史比对分析，推测出一个新的人口数量："秦汉之际至汉初，羌族人口有20万左右。"而到了西汉末期，经过历年的战争，死亡人数增加，人口大约只有15万。根据耿少将著的《羌族通史》所述，西晋时期的羌族人口能达到10万左右。1964年我国第一次人口普查时，羌族人口不到6万[47]。以上资料足以证明历史上羌族因战争和迁徙的人口死亡是十分严重的，当然其中也有不少羌人被其他民族所吸纳改变。比如魏末晋初，内迁的大批羌族人已经逐渐从游牧转向农耕，过着定居的生活，并与当地汉族混居，生活方式也一样。在历史上羌族内部相互争战，数以万计的对抗加上自然灾害的影响，羌族人民逐渐形成了小心翼翼和积极防御、反抗的心理。而这种心理文化是整个移居到岷江流域的羌族人共同生存的现象，也是持久保留的防卫意识。因此，他们从秦汉时期营造的碉、庄房就突出了这种自我保护的防卫意识和强烈的领域感，这些都反映在聚落的选址与建造上，正是需要自然地势具有的隐藏功能。村落环境要有聚众而居、合作防御的碉（图3.3），它厚重坚固的墙体、易守难攻的场地，起到高而封闭的保护作用。

图 3.3　村落环境中的碉

众所周知，羌族历史其实是部分羌族人从西北向各个地方举家迁徙的历史，在我国没有哪个民族的人能够像他们一样因气候和战争的原因不间断地迁移。而这种迁移一部分是由北向西南，一部分从西北向西，一部分向北等，成为这些地方基本的少数民族，或者与迁移地点的原始居民混居，融合为该民族。如从西北迁移到西部，并同当地的藏族混居，信仰藏族宗教，慢慢融为藏族。迁移到西南部的羌族人，一直选择地势险要的场地建设村落环境。羌族的祖先最初需要改变在西北过的游牧和农耕时期的生活方式，还要改变之前建造房屋及聚落的布局形式，从原始居民那里学到新的建设方法和适应当地气候条件的村落环境形式。《中国羌族建筑》一书指出："羌人自古聚落成寨，过去多为纯自然形成，是原始随遇而安的结果。这种看法自然是大错特错。一个民族要生存下去，首先要防御。"[3]防御除了人与人之间的战争、掠夺等，还有人与物、气候环境之间的防御，恰恰这两点是影响羌族人世代迁移、另辟蹊径、营造村落房屋发展的主要原因。最初防御是为了生存，然而因草原气候变化，影响了植物、草甸生长和农作物的种植，导致牛羊缺少食物，又影响人的食物供给。环境干旱，没有充足的水，庄稼无收，羌族被迫寻找新的地方生活。

羌族人在远古时期主要生活在渭河流域的湟水一带，这里是"三河"流域，他们定居在此，以农业为主。而湟水在我国西北青海省东部一带，发源于青海省海宴县境内的包呼图山，流经该省大通，再到达坂山和拉脊山之间的河谷，为羽状水系，流经青海省和甘肃省，在甘肃省永靖县与青海省民和县之间汇入黄河。该河全长374km，流域面积达到3200km²。其流域孕育了羌族的原始马家窑文化、藏族的卡约文化，被后人称为"青海的母亲河"。历史上这里气候宜人，聚集了青海省60%的人口、52%的农业耕地[48]。"研究表明，全新世中的冷事件以及季风区的弱季风事件是与全新世的基本气候特征背道而驰的"[2]，全新世是冰期气候，温暖湿润，但不断为冷干气候所中断，而这些冷干气候持续时间较长，一般为几百年，对人类的生存影响极大。资料表明，公元前4000多年前，湟水一带有长达几百年的干旱期。这种干旱气候对当地自然环境造成很大影响，给远古的羌族先人带来深刻而广泛的生存危机。为了生存，羌族先人被迫选择向更远的地方迁徙，以求获得更多的耕地。历史上类似这种原因的迁徙达3～5次（表3.1）。由于气候变得恶劣，谷物产量下降，严重时还会导致饥荒以至战争不断发生。这就是羌族人迁移到岷江流域择地建村时，一般都要挑选地险、气候较好、比较隐蔽的地方营造的原因（图3.4）。

表3.1　历史上多次迁移的时间节点与相关信息统计[49]

序号	时间	地点	原因	结果
1	距今6000年前后	湟中—甘肃（马家窑）齐家	全新世中的冷世件以及季风区的弱季风事件与全新世的气候背道而驰，冷气候持续几百年	干旱气候产生的自然环境变化
2	距今4000～3500年的夏末商初	青藏高原，西部高山地带等	全新世大暖期行将结束之时，这一时期的气候波动激烈，其波动与各种灾害相对应	气候极端不稳定，气候和降水量变化率增大，旱涝频率高于其他时期
3	距今2800～2700年的西周末年	黄河中上游，青藏高原	全球气候下降，新世暖湿气候结束后的第一个寒冷时段	干旱气候，人随畜迁移，逐水草而居，逆流而上

图 3.4　地险隐蔽的羌族传统村落与建筑景象

　　聚落在不同时期，由于气候变化以及那时战争的频繁和迁移地区自然环境的综合影响，羌族的村落布局类型也发生了一些微妙的改变。按照时间的推移与地区气候，羌族先人根据当地情况，因地就势，顺应地形，利用当地材料，结合当地原始居民的建筑和聚落形态，造就了不同于之前的村落环境形式和建筑形态。

二、羌族传统村落环境种类的演变

（一）产生时期

　　羌族是我国古老的少数民族之一，其历史变迁是错综复杂的。由于这种复杂与气候的交织，羌族迁徙的轨迹呈现多种方向，而这里只分析四川岷江流域羌族传统村落环境营造的变迁。作为始源之地的青海湟中地区的传统村落是本节论述的开始。

　　羌族传统村落环境类型较多，许多已出版的著作均把它们分成 3 种类型，分别是河谷型、高半山型和高山型。譬如季富政教授的《中国羌族建筑》一书中的"村寨造址"[3]一章，把位于岷江流域的羌族村寨按照它们的分布特点确定为三种：河谷、半山腰、高半山。成斌教授的《羌族民居的现代转型设计研究》一书中，依据自然地理环境也把羌族村落划分成三种居住环境：河谷、半山、高山[50]。这两位作者划分的名称虽然略微不同，但他们的意思都是一致的，均是按照现有羌族传统村落环境的情况而确定的名称。想要彻底揭示羌族传统村落环境的发展历史，试图根据场所微气候原理探析羌族建造的历史，可从村落环境变迁的整个进程来做一个系统而简洁的归纳，这样才能真正透析今天羌族传统村落这三种基本类型与羌族村落环境营造的形态。

在羌族还没有形成现在统一的聚集民族之前，距今 5 万年前一部分人从中南半岛由南向北移动，其中有一部分人进入陕西省中部的渭河流域。该流域是中华民族人文祖先轩辕皇帝和神农炎帝的起源之地。该流域地形复杂，水系弯曲绵延，气候温和，属于黄河中上游盆地的大陆季风性气候地区。20 世纪，我国著名的历史学家顾颉刚先生做了一个大胆的推断，他提出"周口猿人和蓝田、郧西的猿人，很可能在第四大冰期消失"[2]的观点。这种人类消失的断层，在推测中能看出顾先生从地球气候环境的变化中给出了我国古猿人消失的结论。实际上当时中国北部的气候严酷，那时候直立的原始人不可能长时间停留、长时间聚集。这样的结论在耿少将的《羌族通史》中也有说明："那些直立人很有可能被极度的严寒赶走了，或者灭绝了……所以我们认为远古的先羌族群是在距今四五万年，从中南半岛北上渭河流域及黄河中上游后，独立演变发展而来的。"[2]这是最早关于羌族先人因气候原因而长途迁移的记载和描述。当然对这部分原始人所营造的村落环境类型，旧时期时代因他们还未形成真正的族人，不可能有凝集的聚居形式，也就无法找到相关的村落类型。

（二）发展时期

到了新石器时代，原始的羌族先人从粗糙的打制石器时代发展到磨制石器时代，其工艺技术有了一定的进步，陶器也开始产生。一个冰期结束，渭河流域和黄河中上游流域地区，气温越来越高。温暖的气候有利于该地区农作物的生长，尤其是谷物和树木的成长，羌族先人使用这些植物建造聚落。譬如大地湾聚落遗址就是现今所发掘的代表，它距今 8000～5000 年，其址位于今甘肃省内天水市秦安县东北 27km 的五营乡邵店村东部，距市 102km，遗址上有 3 座直径 2m 左右的房屋，据专家推断为羌族先人在黄土地上挖凿的圆形深穴，其穴口直径较小，仅能容纳两人下去，其穴上有木杆搭接的攒尖顶窝棚式的建筑形制（图 3.5）。它们相邻的布局呈带形，资料显示，它们与后来的聚落不太一样，现已清理出房屋的遗址大约为 240 座，灰坑 340 余个，墓葬 79 座，窑址 38 处。防护用的壕沟和排水沟共 8 条，还有木骨泥墙、白灰墙面、柱础和木柱、四坡顶式房屋。村落主次明显，围着最大建筑修建。其中有一座开三道门，并带檐廊的大型建筑，占地面积达到 270m²，室内有 150m²，房屋为四坡顶，应该为后期的建筑，是距今 5000 年的仰韶文化中的晚期遗址。村落呈圆形平面布局。该时期的遗址属于仰韶文化阶段，这在郎树德所发表的《甘肃秦安县大地湾遗址聚落形态及其演变》一文中有所论述[51]，该遗址海拔为

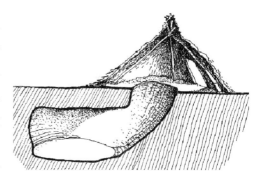

图 3.5 攒尖顶窝棚式的早期建筑形制

1450～1470m，属于温带半湿润气候地区，平坦的河谷台地和缓坡山地在甘肃也是较好的气候区域，全遗址由 5 个时间段组成。

第一期是距今 7800～7300 年；第二期是仰韶文化早期，距今时间是 6500～5900 年；第三期是仰韶文化中期，距今 5900～5500 年；第四期是仰韶文化晚期，距今 5500～4900 年；第五期属下层文化，距今 4900～4800 年。"第一期文化在河边二级阶地呈带状分布，长约 120m，宽 40～60m，范围约 600m²。"[51] 第二期由三段构成"Ⅰ段聚落的主体仍然位于第二级阶地上，但其南部已扩展到三级阶地的前缘，整体由壕沟围成近似的圆形，此段遗存均发现于壕沟之内。""Ⅱ段的聚落向西南扩展 2000m²，没有发现壕沟与墓地，却发现窑址 5 座，散布在西部和北部。中心略向南移。"[51] Ⅲ段如同Ⅱ段的布局，由中心向西北部和东南部扩展，近似圆形的形式。第三期是在二、三阶地上向南延伸修建至山脚下，本时期产生了各个中心的小聚落布局，如被发现的西安半坡村建筑遗址，其意向图（图 3.6）反映了先人的聚落形式和营造思想。第四期是聚落从河边阶地又向山地方向急剧扩展，规模和面积扩大，其中的建筑数量增加，到达整个大地湾现存遗址的盛期，聚落主体部分面积有 50 万 m²。"聚落巧妙地利用黄土高原沟壑梁峁的自然地貌，依山而建，背山面沟，两侧以沟壑为天然屏障，显露出先民总体规划的卓越才能，主体海拔 1560m 的缓坡山地上，两侧是山梁，山梁外侧是难以攀缓的陡坡，山坡中部略向内凹形成避风的开阔地带。"[51] 由一个大型建筑为中心，四周建有其他房屋，形成一组小聚落，而这些小聚落又分布在大聚落中轴线的两侧或各处，又构成不对称的自由布局形式。第五期据作者推测是源于气候，为了避开河谷的洪水，聚落建于山地并远离河岸，聚落平面呈无规整形态。在新时期时代，已有了比较多样的聚落类型，出现高山型、半山型和河谷型。

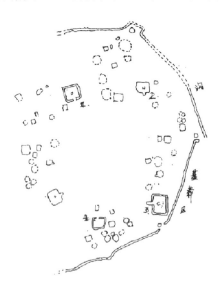

图 3.6　人类初期聚居的西安半坡村建筑遗址意向图

史料和考古显示，距今 4000 年前在我国大地上发生了几个世纪长的干旱期，准确的时间应是距今 3600～3500 年前的夏末商初和距今 3100 年前的商末，这些时期的干旱气候如同史前的灾难一样，粮食颗粒无收。与此同时，牲畜无食而大量死亡，导致 3 个时间段的羌族人分阶段地过着迁徙生活。《汉书·食货志》载："尧、禹有九年之水，汤有七年之旱。"[52]古书《吕氏春秋·顺民》记载："昔者汤克夏而正天下，天大旱，五年不收，汤乃以身祷于桑林……于是剪其发，磨其手，以身为牺牲，用祈福于上帝，民乃甚说，雨乃大至。"[53]这次旱灾达 24 年之久。这些史书都载录了我国奴隶制时期及早期受气候影响导致河水干涸，草木枯死，田地无粮。天灾影响着人民的生存和国家的稳定，从而导致民众四处逃离。而此时的羌族人也开始大规模地从我国西北和黄河流域一带向东部的高山地区移居。耿少将在《羌族通史》中有这样的描述："在这种恶劣的自然环境中求得生存，居住在河湟等地区的部分羌人开始向东部低海拔地区迁徙，以寻找新的草场或居留地。"[2]在距今 2800～2700 年前的西周及春秋战国时期，"根据中国气象史的研究分析，大约西周末年，春秋之初，中华大地上曾出现过一波气候突变，也就是气象学通常所说的干旱期或弱季风事件"[2]。在《史记》中记载"穆公十二年'晋旱，来请粟'……十四年'秦饥，请粟于晋'"[54]，导致西周东迁和羌族在内的民族形成诸戎东进的迁移情况，从而导致羌族迁移到汉地，并建造可居的聚落之群。

（三）变化时期

《竺可桢文集》载录："从商周至秦、西汉，古代中国的年平均气温比现在高 2～3℃，气候温和，雨量充沛，适宜人类的生存与发展，因此，羌族在这样一种适宜的自然环境和相对稳定的社会环境中，社会生产有了一定发展，人口大幅度增加。但 1—6 世纪，古代中国出现了气温下降、雨水稀少的情况，黄河流域如此，海拔更高的羌族活动区受气候变化的影响更为明显，导致羌族牧场大面积缩小，水源干涸，生态环境严重恶化，牲畜大量死亡，人口相对过剩。"[55]《南匈奴传》早有记载"匈奴中连年旱煌，赤地千里，草木尽枯，人畜饥疫，死伤大半"[46]，这是建武二十二年（46年），以及建初元年（76 年），"南部苦蝗，大饥，肃宗禀给其贫人三万余口"[56]，章和二年（88 年），"时北虏大乱，加以饥蝗，降者前后而至"[56]。这些古代文献所记载的场景和事件，均反映了当时高原地区羌族聚居圈受到气候变化而造成的悲怜场景，从而导致其部分族系开始迁移。

在汉代，公元前 190 年，黄河流域又因气候作用，出现大约 200 年的干旱，导致羌族与其周边的民族发生了大大小小的战争，使部分羌族人为寻找新的开垦地和躲避战乱再次迁移，东进到汉朝边境，即今甘肃的西和县以及岷县的东南部。公元前 73—70 年，正是大旱之年。"大旱，东西数千里。"[57]《汉书·五行志》中有记载，羌族人迁到汉代领地，在抛荒的土地上放牧。西汉在羌族地域出现了"村落"这一概念，

"赵充国下令不得焚烧羌人村落，不得在羌人耕地中牧马"[2]。这一时期表示聚落演变成了村落，族群中人数发生变化，有了行政管束的含义。村落的规模较大，聚居的羌族人口数量多，都是农牧兼有，其布局形式却无从查考。但是"村落"还没有被广泛地认识和应用，仍然使用"聚落"这一概念，只是到了后来的清代，该概念才真正地被史书和人们普遍运用。

汉代还有一种聚落类型与聚落形式，被称为氐羌人修建的阪屋村落类型。氐羌属于羌族，只是他们生活在青藏高原和黄土高原海拔较低处，即所谓的"秦陇之间"[58]。低地之羌故谓之氐羌，今谓之氐类，出自《古今图书集成·边裔典·羌部》卷4下，氐在古代是指"山陵峻阪上的崖壁或巨石"[2]。任乃强指出："这种崖壁多有可避雨之处，为太古羌人所依居，因而发展成聚族之处。后来随着汉人入居，当地羌人生活华夏化，只有风俗，语言偶不同，华夏人将他们叫氐人，取氐区民居之义。"[2]他们由汉代开始陆陆续续从高原迁入低处，从游牧为主的生产转向农业为主的生活，以羌族聚居的自由形状村落演变成带状的村落形态，房屋是土墙。在秦国前就有木板为居室的族群，那就是氐羌的房屋形式（图3.7）。《诗经·秦风·小戎》记载："在其阪屋，乱我心曲。"[59]后来在天水以南地区的武都县就发现了氐羌的聚居区，"居以板为室屋"[59]，表明此时氐羌已有固定的建筑形态和聚居模式。"到汉代，氐人虽然被纳入郡县体制之下，但在其聚落、村落，各部落或部落联盟的首领仍然起着重要的作用，牢牢地控制着氐人的社会。"[2]从而推测，氐羌的聚落应该如汉族的村落形式，有主次之分，应顺地形而居，布局呈环形或条形等。而到了十六国与南北朝时期的羌族已有了村寨这种概念。"寨"在此替代聚落这一聚居称谓，完全有了自我保护的功能和围栏的含义，同时有了领域和归属的含义。此时村寨布局上更多因地形而建，呈环形和多边形。譬如《周书·田弘传》所载："获其二十五王，拔其七十六寨（栅），遂破平之。"[60]

图 3.7　氐羌的房屋形式

（四）形成时期

到了隋唐，由于温带气候保持较好，大部分迁移到岷江流域的羌族已基本成型，不再出现早期大规模向西南迁移的情形，只在现有的聚落基础上不断地做一些反抗压迫的斗争和抵御严酷寒冷的气候。《隋书》记载："故垒石为巢而居，以避其患。其巢高至十余丈，下至五六丈，每级丈余以木隔之。其方三四步，巢上方二三步，状似浮屠。于下级开小门，从内上通，夜必关闭，以防贼盗……其土高，气候凉，多风少雨。"[61]这描述了羌族最早的碉房形式，其与今天所见碉房十分相似（图3.8）。7世纪，唐代羌族聚居茂县已建有八棱碉，也就是今天在羌族地区能见到的八角碉，它起着防御、保卫的作用。

图3.8　羌族碉房形式

宋以后，羌族聚落均称作羌寨，并出现了理县河谷型的排坪羌寨、北川贯岭乡等村寨。到了明代，羌族村寨分布已十分广泛，在汶川和茂县、理县等地还出现了许多如今生活气息浓厚、村民众多的传统村寨，如汶川的水磨沟、沟口、黑虎、牛尾等乡村。"叠溪诸羌，性凶悍，不习诗书，近渐染声。可尚衣冠，远者不通汉语。衣皮褐，丧不棺，而火化。耐饥寒，叠石为巢而居，所名本也"[2]，表明羌族人民衣食住行的特点，并且这一时期羌族碉房盛行，几乎有寨必有碉，形成军事防御和寨寨之间的防备。

明代羌寨大多建于高山上，为抵抗战事，羌族人积极防御而形成有效的对策。此时段，少有恶劣气候影响。羌族人更多地选择适应和改造村落环境来让族人居住舒适，进而达到确保人身安全的目的，由此也出现了以天然地形作为屏障的现象，目的是阻断来自战争和掠夺对村民的伤害。譬如《羌族通史》中就有论述，"有的设在所辖地区的核心村落，有的为三进瓦房，分大堂、二堂、三堂，门外有高大的照壁以及精美的石狮等，也有城堡式，四周以城墙拱卫，如瓦寺土司官寨。官寨附近还建有碉……"[2]，这里已有村落的概念和大量建设碉的情形，当然他们是依地形建造的结果。"皆依山岗为宫室，叠石架木，层级而上，形如箱柜。最后则修高碉，藏其珍宝兵甲，高至二十丈，有八棱者，坚牢深密，炮石不能破毁。"[2]反映了这些寨中碉房的坚固。明代羌族在村寨建设房屋形成新的室内外环境，除请释比选择地点并进行一系列的信仰活动外，还要向土司上缴银子，领取所谓的"份地"[62]，并给予执照后，才能在几股地上挖房基，垒筑碉、庄房。羌民的田地也采用同样的方法来获得，并且他们得到的所有"份地""兵田"，其所有权都是土司的，普通羌人只能拥有使用权。因此，明朝羌族人民仅能选择地势偏僻的地形修建房屋，营造建筑的室内外环境。

当羌族人缴完各种苛税和所购"份地"的钱财之后，他们已是身无分文，在受气候和实用原则影响下，建筑内外不再被装饰。羌族人仅用白石、剪纸做成一些简单的点缀。与此同时，选择偏远、危险的地点建房、生活，也是省钱的一种途径，这使部分羌族碉房被建于险峻的山腰中。长时间羌族通过多代人的熟知，了解当地的气候状况和房屋地形、地质之后，他们得出结论：高山型村落，族人少，有利于他们宜牧宜农结合的生产方式；半山型村落宜农、牧羊，族人多，房屋可层层交错布置，室外公共环境可点缀少量景观的思想。这样的村落海拔高，均在3000m，农耕面积小，气候恶劣，冬冷夏凉，风大，日照强，宜放牧，村落可呈带状（图3.9）。河谷型的村落相对较少，主要是从羌族中分离出来的氐羌在那里居住，氐羌建设的村落因地形呈环状布局，相应的公共环境由广场、道路连接，方便羌族人祭祀。河谷由于海拔低，在1000m以下，常年湿润，雨量足，气候温和，日照强度小，因此人多较杂，村落注重严密的防卫。如汶川的羌锋寨和戚关村寨具有这样的效果。

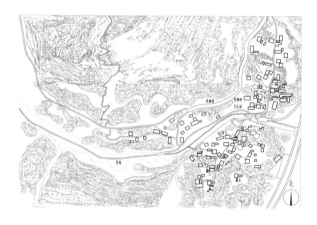

图3.9 可呈带状的羌锋寨平面图像

（五）成熟时期

1644 年，清政府在羌族地区实行"里甲制度"[63]，将各个村落并合管理。由一个"里正"（又名"保长"）管辖。"里"是基层单位，"甲"又从属里，为里的辅助单位。甲的管理者为"甲长"。《茂州志》载："原额在城陇东，莲族，石鼓四里，后增陇木，静州，岳希三里。"[2]里长所管范围包含多个村落，如理县的干沟、桃坪、张家坪、羊盘沟、亚坪、大石坝等33个村，设保长1名。各个村落又有1名"甲长"，他向保长负责，并管理村中的大小事。从清政府开始，羌族村落有了基本的制度，村落也成型，之间相较过去稳定，出现人口数量增加、村落建筑新建的情况，村落形态随之发生变化。在族人适应气候和顺应地形方面，其营造理念与营造手段更加成熟，营造体系也形成，随着清政府在该地区实行改土归流，废除元代以来的土司制度，让权力回到清政府的掌控中，并减少羌族人民向土司缴纳的各种税赋，让他们有一点收入从事建筑的改造和扩建。当然在经济、政治、社会等制度下，在一定程度上刺激了羌族人民的建造活动，然而受恶劣的场所微气候与脆弱的小农经济影响，羌族地区还是出现了天灾人祸，颗粒无收，饥寒交替的情况，使羌族村落室内外环境得不到充分的实施。清代，羌族人从高半山慢慢地迁到河谷地方生活，定居在道路沿线，他们建起村落，并过着以农业为主的生活，建筑沿带形布局，呈现汉族建筑形式和宗教建筑。如道教，少些村落建有道观。在汶川县漩口镇瓦窑村二组修建的簸龙观就是道教建筑。部分地区的住宅也出现汉族建筑结构及做法，仅仅在垒石方面保留羌族的营造传统，在北川地区的羌房更为明显。在清朝，羌族传统村落类型更加丰富，从高山型到半山型（图 3.10），再到河谷型、高原型、平地型等都能见到。这5种村落类型一直保持至今并继续发展，只是当代因交通和经济生活的需要，部分高山和半山型村落中的羌族人民已搬下河谷，放弃在高山上居住，才使高山村落不断减少。

图 3.10　高原高山羌族传统村落凋敝的景象

在民国时期，由于气候变化，雨水多，影响到地质的活动，在茂县、理县、汶川、松潘等地又时有自然灾害发生。1922 年 8 月 25 日下午 3 时 50 分，在叠溪发生了

7.5 级大地震，致使叠溪城被洪水淹没，叠溪周围 14 个羌族村寨完全毁坏，房屋倒塌 5180 座[64]，羌族人口呈现下降的态势。中华民国五年（1916 年），当时北川县人口原有 119329 人，到中华民国二十五年（1936 年）降至 25491 人，其他县城情况相近，足见自然灾害和饥荒给羌族人口带来严重影响。而与此同时，中华民国二十六年（1937 年）3 月，羌族部分县城建起了气象测候所，用于观察当地气候的实时变化。譬如在茂县的较场坝、理县的薛城东门都建有气象观测站，测量的内容有干湿温度、最高温度、最低温度、风向、风速、雨量和蒸发量等项目。这为羌族地区提早知道当地自然气候，以及村落、人和农业的发展，提供了必要的判断信息根据。

总体来看，中华民国时期羌族地区的村落布局较为凌乱，房屋分散而简陋，室内阴暗，人畜不分，住宅条件差，而在党的十一届三中全会后，在党和政府的关心与帮扶下，羌族人民兴起了建房的高潮，改变以前落后的建造境况，使新房高而宽敞，室内有了较好的采光，并呈现村貌整洁，室内外环境规整，公共活动场地有所增加，民族特色突出的特点。

根据羌族传统村落发展历史，高原型台地村落起源较早，发展时间长。而后是半山型村落，这种类型村落是当今羌族聚居区数量最多的种类。之后是高山型村落，源于羌族人向外迁移的数量增加而形成的传统村落，是羌族人为逃避战争和掠夺，适应牧业的生活方式而选择的村落种类。再后是战争渐少，生活在高山与半山上的羌族先人因当地气候环境恶劣，生产方式和劳动的途径增加，部分羌族人搬到河谷地区建设新房而组成的一种村落，或者融入当地原始居民的村落，形成了河谷型村落。这种村落规模大，建设环境和环境元素众多，形式也较为多样，形成较有特色的村落环境形式。最后一种是羌族迁移到海拔更低的盆地边缘居住，受汉族文化影响较多，民族融合更强，呈现丘陵型的村落样貌。该类村落表现出占地面积大、较分散的环境特征。虽然原古与先秦时期还没有村落这一概念，然而作为村落的源起，本章也把古老聚落纳入其中并给予一定分析，尽量完整地展现羌族传统村落演变种类和村落环境的各个元素。

第四章 场所微气候影响的羌族传统村落环境元素分析

羌族传统村落环境设计主要在于羌族先人对村落环境的选址、规划设计和对场地环境的精心布局，通过村民与匠人的手艺建造出来，为当地村民提供日常生活、生产劳动和宗教活动，创造出符合当地气候、顺应地形的环境元素。这些环境元素的功能和形式不一，位置与做法、职责也不相同，各有所用。它们在历史演进过程中为羌族人提供了防御性和安全性的保障，因此，早已融入羌族发展的长河。在了解羌族传统村落环境营造适应了当地微气候的形态后，必须先知晓传统村落环境的各个环境元素和形式，才能揭示古老的羌族村落环境营造思想与气候的关联性。

羌族传统村落的环境元素有许多，按照使用性质和对气候的作用概括起来大致有四类：羌族人民居住、劳动、信仰活动和遮风挡雨雪的构筑类环境元素，如碉、碉房、庄房、磨房、水房、桥梁、道路、围栏、巷道、挡土墙；室外供羌族人民生活、休息、活动、宗教仪式及观赏需要的小品类环境元素，如拴马（狗）桩、祭祀神台、白石、泰山石敢当、坝子（广场）、果树、图腾、纹样（羊头）、花坛、护坡、古井、石磨、出水口、晾晒木架、门神、单木楼梯（独木梯）、雕刻、植物等；羌族人民生产、交通与农业相关的环境元素即农业类环境元素，如田地、果园、沟壑、泊岸、水沟、涧水槽、田埂、台阶、水闸板；村落外围的自然类环境元素，如植物、岩石、河谷等（表4.1）。这些环境元素的设计营造与当地气候相关，其他却是象征和实用的需要，下面将结合场所微气候的因素对这几类环境元素进行分析。

表 4.1 羌族传统村落环境元素分类统计

分类内容	构筑类环境元素	小品类环境元素	农业类环境元素	自然类环境元素
具体元素	碉、碉房、庄房、磨房、水房、桥梁、道路、围栏、巷道、挡土墙	拴马（狗）桩、祭祀神台、白石、泰山石敢当、坝子（广场）、图腾、纹样（羊头）、花坛、护坡、古井、石磨、出水口、晾晒木架、门神、单木楼梯（独木梯）、雕刻、植物等	田地、果园、果树、沟壑、泊岸、水沟、涧水槽、田埂、台阶、水闸板	植物、岩石、河谷等

注：根据现今羌族传统村落环境元素统计。

一、适应气候的羌族传统村落环境元素

这部分羌族传统村落环境设计的环境元素，主要从营造、布局和作用来阐述，考

虑到气候这一重要的影响前提，文中将按照羌族传统村落的环境元素类别给予分析。

（一）构筑类

有体积或内有空间的建筑体，即为构筑物。它是由材料按照当地人的观念在符合气候和场所环境的限定下，以坚固持久的力学结构，经过相应的构造、维护和装饰，形成体量和形状，被称为构筑体（类）。其种类较多，有碉、庄房、碉房等。

羌族人建造构筑类的目的是抵抗大自然严酷的气候，保护族人的生存和日常生活。他们由岩石洞穴到地面穴居、半穴居，再到地上修建体形较大的构筑体。其间的多次进步，都反映了人类适应气候所产生的建设理念。因此构筑类的碉是羌族人为抵御外来的侵略和匪徒的掠夺，保护储存的粮食，坚持对白石的信仰，以及保温和御寒的需要，建设的大体量兼实用性的构筑体。

1. 碉

根据功能，羌族碉又分为宅碉、战碉、哨碉、风水碉。宅碉是独立于碉房或庄房之外的。位于住宅一段距离并在院子一侧修筑的碉，主要用于存放杂物和粮食之类（图4.1）。平日里宅碉是锁着的，不对外使用，这种碉体形较小，其内部结构和环境设计与庄房相似，为3层左右，高度为10～15m。譬如茂县两河村高阶地上某宅的碉就属于这类宅碉。战碉，体形臃肿，有石堡的形象，矮而宽，高度在8m左右，内部环境如宅碉，有桌椅和独木楼梯。建筑采用毛石砌筑，墙体厚达600～800mm，平面为四角形、八角形和十二边形等。常常建于村落的坝子旁、高山处和村落入口处（图4.2），战碉要求坚固，几乎每一边或隔一边必须加一脊，类似现代建筑中的构造柱（图4.3）。墙上每一面均有窗口，便于射击。哨碉是羌族众多碉中较高挑、修长的构筑体，平日起瞭望放哨、传递警示的作用，在战事又做屯兵之用，内部结构和平面布局相同，只是楼层较多，最多达到13层左右，高约30m（图2.13），它常被布置在村落一旁或进村的山路旁。譬如理县萝卜寨的碉就是哨碉。风水碉，在羌族传统村落的作用是祭祀，有一定的宗教神秘性。

图4.1　羌族宅碉

图 4.2　羌族战碉　　　　　　　　　　　图 4.3　羌族碉墙上的脊

碉是联系"神"的天宫，是放置白石和羊首的主要建筑物，其上赋予较多的文化精神，寄托着羌族人民的信仰。它也是一种图腾和装饰纹样表现最多的构筑体，常常被布置在村落核心和重要的位置，如广场中心或一侧、村落最高的台地上等，具有明显的标志性。其内部结构同其他碉一样，家具少，只有上下的独木梯。楼层不多，3～5层，室内通风，方便紧急情况下人们躲入其中，也有适合的气温和气流。

2. 庄房

羌族庄房来自堂屋的"锅庄"，作为活动之用（图 4.4）。在各种庆祝活动，羌族人民围绕着神圣场所的"火塘"[2]载歌载舞，由此该房屋便称为庄房，是羌族传统村落环境设计的主体。庄房的堂屋室内较宽，卧室窄，一般为 3 层。每层都用独木楼梯作为垂直通道。无论庄房建在何处，村落中一般都统一朝向，向阳面（太阳方向）或开敞的地方。庄房的功能在于居住，碉房功能不仅在于居住，还在于防御，这是两者明显的不同之处。

图 4.4　羌族庄房

3. 碉房

碉房是为了满足羌族人生活，构成村落较少的构筑体单元，其适应气候，具有气温不冷不热的表现，能防止凉风影响人的身体，让人不会感到室内环境潮湿。羌族人民是比较重视碉房的弱气候环境的。碉房形体呈下大上小，形似城堡（图4.5），内部空间较碉复杂，供羌族人生活、休息、劳动、工作所用。墙体随地形而建，2~5户构成一个组团，按照中心和主次的建筑布局，它们是羌族传统村落环境设计的重点。碉房数量少、规模小，建造技艺精湛，居住部分的建筑高度均在8m左右，构造、结构、材料同碉，均为羌族建筑典型的民居形式。

图4.5 羌族碉房

4. 阪屋

阪屋，又称"板屋"，是羌族人民世代居住的建筑（图4.6、图4.7），建于河谷与丘陵地区，由木构架和泥土、木板、篾笆组合而成，为穿斗式结构。竹编篾笆外抹泥土成为阪屋的墙体，木材是内外墙和地板的主要材料。建筑多为两层，一层架空，是圈养牲畜的场所，二层是羌族人生活的地方，二层以上有一个低矮的阁楼，从外面看很难被发现。阪屋的建筑形态轻盈，如悬空的构架一般，十分独特。有些阪屋的部分房间空架于悬崖上，下面由多根木柱支撑，形态为吊脚楼式阪屋，还有一种建于地面上的阪屋，这些将在村落环境形式中具体分析。

图4.6 羌族阪屋

图4.7 羌族吊脚楼式阪屋

5. 磨房

磨房在羌族传统村落中数量较少，甚至许多传统村落无辅助性用房。它们是环境设计体量较少的构筑物，一般建于村落有水的河道上游，完全利用河道内水的冲击力，让建筑室内的木制水车转动而带动石磨的转动，来碾压石磨内的青稞或麦子，使其磨成粉，再汇集到漏孔中落入早已备好的口袋内，便于收集带走，供人生活所用。磨房主要的功能是烘晒粮食，然后碾碎、筛滤、成型，具有小农经济时代手工业作坊的特征。它的另一种功能是分流河水。当河道上游的水量太大时，磨房内设有水闸板，由专门负责的村民管理。他会操作闸板来控制水流进村落，或者改变河道和沟渠而分流，减少河水对村落的破坏与影响。

　　磨房并不是只限本村的村民使用。磨房空间和面积都不大，体形也矮小，常在4m的高度，砌筑沿用碉房或庄房的方式，其工艺性稍差，内不住人（图4.8）。室外环境安装有晾晒食物的木架，如晒玉米和面条的木架。在严寒的高原，半山和河谷地带多寒冷、潮湿，噪声还大，夏季炎热，环境辐射温度高，风速大等。羌族传统村落环境的磨房分为公共磨房和私人磨房，公共磨房离庄房或碉房远，在村落的上游，譬如茂县纳普乡的纳普寨磨房。私人磨房建于庄房或碉房一侧，两者同为一座建筑，只是房间的功能区分开了，这种磨房为家族所用，不对外经营，然而同村的村民需要也可以借用。私人磨房的内部空间与堂屋相通，通常夏季凉爽，这种弱气候是穿过屋内的水会带走室内闷热的空气所致，如

图4.8　羌族磨房

果穿过屋内的水流较大，带走的热量会更大，室内气温会更低。水量是由村落的水房控制的，因此不会出现水淹室内的情况。如龙溪乡三磨村的余宅磨房便是这种类型。磨房是羌族古人运用气候和自然资源而创造的建筑小品，可以说是功能实用和景观效果的双重体现。

　　6. 水房

　　水房是控制河道、水渠和水沟流水量大小的公共设施（图4.9）。它的形体如磨房，又比磨房大，平面为长方形，横架于河道两侧，中心位置有梁和石板闸门。水房一般用石块砌筑或木材搭建，并采用砌体结构和干栏式结构，通常建筑由石墙围合。屋盖多用石片铺叠或青瓦铺盖，建筑高度在3m左右，位于村落的上游和下游，是保证村落生活用水与生产用水的主要环境元素，由专人看管，部分水房与磨房功能分开，但空间上是合二为一的。

图 4.9　羌族水房

例如理县桃坪羌寨的下游就有这样的一个设施，是为适应气候而建，防止夏天雨水变大，上游或山上水的上涨，冲向下游危及各个村落的安全，因此水房改变水道的作用就显得非常重要，在羌族传统村落以河道为主的环境设计中都会修建这种建筑。水房通常不住人，室内环境较差，常为夯土地面或石板地面，墙体上无任何装饰，室外环境也无设计，保持了较原始的生态环境效果。

7. 巷道

羌族传统村落环境设计的巷道与当地微气候环境联系非常紧密，是连接建筑室内环境与室外环境的过渡区域，也是重要的调和空间（图 4.10）。它的形成来自建筑与建筑、建筑与山体、建筑与其他构筑体的空隙，其宽窄和空间大小与两侧的构筑体相关，它们的差值决定该巷道的冷热和形态，更反映环境中人的舒适程度。

图 4.10　羌族村落巷道

巷道的条件直接影响两侧建筑室内环境的舒适性以及室内家具陈设和隔断的布局，这一点是非常重要的。当室内从巷道中获得风和环境辐射热量，其内需要有空旷的空间，引入这些气流与辐射热，保证夏季室内气流带走建筑墙体所传的热量。而冬季室内需要保暖，开阔的室内空间就需要有一定的隔断来阻挡室外的寒流，一种是关闭窗户，另一种则是增加隔断。当然后者的这种做法是不利于长时间采用的，构造也非常麻烦，还费力、费时、费钱。因此，通常做法是关闭窗户，并在室外巷道一侧降低建筑或构筑体的高度，起到减轻冬天风速的效果，从而增加风力吹向室内，并且提高白天接受更大面积的自然光的作用。但是这种做法只适用于东西巷道和降低南向的构筑体，不适用于建筑，否则就会导致巷道另一侧的南面建筑墙体在夏天受太阳直射面积扩大的影响，不利于室内温度降低的要求。尤其在海拔低的北川地区，对高原这种做法实际是存在的，但如前面所分析的那样，高原高山上的传统村落主要解决村落适应气候达到室内外热环境的舒适性，总体要求是环境保温，接收太阳辐射直射，增加更多的热量。因此，适应气候的巷道空间高低、宽窄及其形态设计是非常重要的。

（二）小品类

羌族传统村落环境设计的环境小品和环境设施十分丰富，都是羌族人民根据生产、生活，改善气温而创造的环境元素，也可以称为羌族造物。主要有祭祀神台、晾晒木架、挡土墙、树木、坝子和广场。

1. 祭祀神台

羌族人民自古以来都建有泛神信仰的祭祀神台。祭祀神台为四方形平面，有 3 层，立面梯形叠加，整体依然是梯形。从体形看，为棱台形式，由较小的石块砌筑（图 4.11），每层高度在 0.6m，总高为 1.6～2.0m，各层多个角都放置白石一块，棱台顶面也放置一块白石。白石其实就是现在人们所称的云石或石英石。这种石材在四川西北岷江流域上游的高山上处处都能见到，拾取也较为方便（图 4.12）。祭祀神台一般位于村落的坝子和广场的东侧，坝子上阳光充足，当地羌族人在举行羌族传统的祭礼活动时，在祭祀神台前进行着各种跳跃和"神步舞蹈"。祭祀神台所在方位对羌族人心理起到安抚和"神"护佑的精神作用，神台也直接反映当地的小气候。祭祀神台不是实心

图 4.11　羌族祭祀神台

的, 其台心是空的, 结构类似碉, 准确地说是一种垒砌的"塔子"。台心里一般放置白石, 留有族人烧过柏枝和祭品的木炭灰。

图 4.12　羌族村落环境中的白石

2. 晾晒木架

晾晒木架是一种结合当地气候规划和营造的, 羌族人平日生活用来晾晒粮食的穿斗式木架构。这种架子由 3~5 根截面 0.2m×0.08m、高 4~5m 的白木柱支撑, 中间穿枋为圆形的木杆, 直径在 0.05m, 表面削皮, 打磨光洁, 并穿过每一根立柱, 形成 2~4 榀的构架, 构架的两侧均用方木条作为扶壁柱, 支撑着每根立柱, 采用榫卯构造固定 (图 4.13)。白天晒的玉米层层搭在木枋架上, 整整齐齐, 远看十分美观。木构架一般固定在空旷而又能接收到阳光的坝子或院子上, 它离建筑有一段距离。这是完全依赖气候而设计建构的生产设施。它既能通风又能晾晒, 十分符合羌族人的生活需求。

图 4.13　羌族屋檐旁晒玉米的架子

3. 挡土墙

挡土墙是指在高山地形上, 以毛石砌筑墙体, 且具备一定高度, 能阻挡山坡滑落下来的泥土或防止石头滚动的墙。羌族人生活的地域环境气候寒冷, 夏季雨多, 冬季雪大, 年降水量已超过 600mm。高原高山气候多变, 时而狂风冰雹, 时而太阳高照, 在这样复杂的气候条件下, 为了确保生存环境的安全, 羌族人学会了用石块砌墙, 挡住高于村落住宅的坡地和泥土，使得它们不会塌陷和产生泥石流等恶劣情况。笔者在当今的羌族地区调研时，在古今村落都能见到挡土墙（图4.14）。羌族地区挡土墙高度因地形

坡度而定，高的达 20m 以上，矮的也有 0.3m。砌墙的石块大，基本上为 0.3m×0.5m×0.9m，不规则的也多，但是它们体积大小相似。在整个自然的地形环境中，这些挡土墙显得非常富有智慧和力量。

4. 树木

羌族传统村落环境设计营造，树的种类和数量较多，几乎每家每户的宅前屋后都会种植树木，常见的有果树和常绿树木，如柏树、花椒树、松树等，而果树最多，有苹果树、梨子树、李子树、桃树、橘子树等。羌族人一般将果树种在屋后的果园内，房屋两侧也会种上核桃树、橘子树，门前常种植花椒树及核桃树。松树、桦树、柏树等均在果园后沿山坡向上种植，成背景的效果（图4.15）。这些树的布局在屋间呈现的正是羌族古人的建造口诀"屋不

图 4.14　羌族村落中挡土墙

对山"[3]，意思是房屋后面要有成片的背景作为掩护，挡住冬天来自西北和北方的寒风，山上可能滑动的土石，以及一些野生动物的侵入，譬如野猪、野鸡、狼、野猴之类。

图 4.15　宅前屋后的树木

屋的东西两侧会有一定高度的落叶树和常绿树木，冬季部分常绿树木能挡住两侧的寒潮，阳光能透过落叶树的缝隙照在建筑上起到保温的作用；夏季能遮掩东西两面的太阳辐射，具有一定的防晒效果（图4.16）。南面院子的前部是低矮的花椒树，既阻挡潮湿，又不遮挡阳光，而且还有预防山上野猪偷偷溜进菜园、野猴爬上屋顶的作

用。花椒树对羌族而言具有文化象征性，有吉祥多福的含义。一些羌族传统村落环境的坝子（广场）一侧会有一至两棵高大的桦树，通常是村民们聚集、交流、休闲活动的场所。

图 4.16　村落遮阳的树林

5. 坝子和广场

　　羌族传统村落环境的坝子是非常重要的公共场所，也是村民集合活动的公共空间。在坝子上，一年四季都举办相应的节日活动。如春季三月十二日的"青苗会"，是祈求土地神保佑全年丰收的活动；夏季的"巧禾会""祭山会"，"巧禾会"是未婚的羌族青年男女相约的聚会活动；秋季的"观音会"[65]，是祈求观音菩萨保佑全村人的平安活动；冬季农历十月初一的"羌历新年"，是羌族一年中，最重要的节日活动。每到这些节日，羌族人便相约在坝子上载歌载舞，十分热闹（图 4.17）。

图 4.17　羌族人举行活动的坝子

羌族村落坝子有大有小，位置也有多种。羌族人根据村落所在地形，由村里的头人或者释比决定坝子所在位置，有些村落的坝子在山上，有些在村口前的位置，还有些设在村的中心位置。笔者发现这些坝子的位置都有一个规律，那就是它们非常开敞，表现空间大，环境好，无遮挡，少树木，都面朝太阳方向，坝子的平面形式多为不规则形，有椭圆形或准圆形（图4.18）。地面少铺装，一般泥土面上有青草。活动的坝子面积为50～100m²，更大的能达到500m²。传统村落条件差，地形复杂，坝子少，地势陡峭的村落一般就设一个坝子。总体来说，羌族传统村落的坝子是过去羌族人民举行活动的大型场所。因为经济活动少和气候环境差等原因，羌族人较少对坝子进行铺装，上面才能举行骑射和跳锅庄等活动，这些活动都需要土壤地面。同时因为高山地区降水量大，泥土滑动，铺装石块容易导致滑落，对山下的村落及人畜造成伤害，所以羌族传统村落的坝子极少有铺地，通常都是自然的土壤。

图4.18　羌族坝子地面铺装的石块形式

广场同坝子一样，也是建在开阔的台地上，一般位于村落中间，位置较明显，方便村民便捷地到达场地。广场的功能较多，既可以举办羌族传统节日活动，又可以进行运动比赛，但赛马活动等就不太适合。广场是近现代羌族人民建造的室外公共场所，在这个空间羌族人民常常开展一些有趣的活动，如现代的篮球比赛和跳锅庄等活动。广场的面积通常是有边界和地面铺装的，一般用石块铺地或用三合土浇筑，形成新的场所领域，在传统村落环境形成独特的肌理效果。传统村落常见的广场面积在100m²上下，广场周边挖掘有排水的槽沟，便于排放雨水，又为适应气候，广场一侧常种植单株或者两三株高大的乔木，如香樟树、杉树，保证广场一角有树冠的遮盖，方便活动的村民在此纳凉休息。

（三）农业类

羌族传统村落环境的小部分农田、果园、田埂、沟壑、水沟等地景，是人工开凿和挖掘出来的。它们是不以休闲观赏为目的，是以农业生产、种植蔬菜和粮食为主、解决温饱问题的环境元素，有自然形态和人工护养的双重要求。它们出现在传统村落也是区别于现代村落环境的明显之处。

1. 田地

需要结合气候和场地的关系考虑田地的位置。羌族田地（农田）种植的粮食主要有玉米、青稞、土豆、红薯、白菜、辣椒之类，在不同的季节，羌族人会根据气候选择相应的蔬菜和粮食种植。因此，田地要求有足够的空间能接收到阳光（图4.19），还要有充足的水源。羌族人民会在田地周围挖掘一些水沟和沟壑，既保证山上的雪水能流经农田，又不会淹没田地。在农田与水沟之间羌族人民筑土做田埂，起到隔离田地空间的功能，又能作为通行的道路使用。需要水时他们会在田埂和田地的高程位置开挖缺口，放水入田，浇灌庄稼；当田地的水足够时，他们又会垒土填补缺口，截断水源。田地旁的沟壑便于储藏雨水和有机肥料，为春秋季和平日施肥所用。

图4.19　羌族村落前的田地与田埂

羌族传统村落环境能用的田地较少，它们一般位于村口前的阶地上，面积小（图4.20），常常在30~60m²，因此羌族人民非常珍惜这些土地，常用木条和树枝做成栅栏把它们围起来，不让牲畜和野生动物进入。有些田地还会出现在村落的两侧，个别田地开垦在海拔高的山上。羌族人为了能节约更多的农业用地，常常把房子建在山崖和岩石上，做成奇险的干栏式房屋，形成特有的建筑景象。

图4.20　位于阶地上的小块田地群

2. 果园

由于气候的影响，羌族传统村落环境设计的部分宅前或屋后还会考虑种植果树，形成果园。果园一般布置在碉房或庄房的背后，有些又放在它们左右两侧，位于前面的建筑与后面的建筑之间的果园呈块团形状，并与后面建筑的两侧果树相呼应，到了春天和夏天，村落就会形成一片被果树环抱的优美景象（图4.21）。羌族传统村落环境的果园面积均不大，在$10m^2$左右。现在面积有所增加，主要在于农业经济发展的需要，能让村民获得更多的收入，为此大部分农田被改成果园。

图4.21　屋后的果园

果园是需要合理规划的，在传统村落环境设计中它也属于景观的一部分，并完全适应气候和土质、地形的要求，产生与周围环境相融洽的作用。果园地形位置要高于建筑，否则就接收不到足够的阳光，影响果树的存活率。因此，在羌族高山、半山和河谷村落，因为地形都是高低的关系，使其屋后的果园能获得充足的太阳辐射直射，所以在不需要过于关注位置和地势条件下果树仍然能茁壮成长。

二、非适应气候的羌族传统村落环境元素

羌族传统村落环境设计大部分的环境元素不需要考虑气候的影响，它们的形态和功能仅仅关注人地需求，根据村落环境用途，羌族古人创造了这些形形色色、体态不一的环境设施小品。

（一）构筑类

1. 桥梁

桥梁常出现在羌族传统村落的沟壑和水沟上，其形式大部分为板桥，方便人和牲畜通过。桥多为梁柱或板子架在柱墩上的结构，常使用树木、石板修建；有的村落沿较宽的河道修建，村落两岸采用吊桥或索桥连接，譬如北川的龙坪村，村口就有一座长8m左右的索桥（图4.22），连接着另一面的河岸和村落。自古以来，羌族人就是建桥的能手，如《羌族史》记载："至少距今1400年以前，即已存在了。"[4]这说明跨越两岸的桥，在羌族地区早已出现。过去索桥又名"笮桥"[3]，"笮"是羌族古代一个部落的名称。他们用竹子捆搅在一起做成绳索，连接着两岸的石墩或木柱，形成桥

过桥的人将一套竹筒或木筒固定在绳索上面，再将皮带或麻绳捆绑在腰间，由地势高的河岸向对面低的河岸滑动，到达对岸。这种桥后来又演变成在多条绳索上铺木板，两侧做护栏，人和牲畜可以步行通过的吊桥。目前这种桥成本不高且较多，也较适用，在小的传统村落板桥用得多，村落规模大的运用索桥和吊桥多一些。

图 4.22　羌族村落中的索桥

2. 泰山石敢当

泰山石敢当源于我国汉族地区，流行于我国晋、鲁、冀、豫等地，它是一种传统的文化现象，目前学界普遍认为这种文化现象的源头在于古代的灵石崇拜，是镇邪除魔的信仰反映。陶思炎的《石敢当与山神信仰》记载："以山、石的自然崇拜为基础，以巷道、栈道、家宅的镇辟为功能，以安居、太平、福康、昌盛为追求，以防范、驱除、护卫为手段，以材质、文字、图像符号为象征。"[66]据说泰山石敢当最早的文字记载是在西汉元帝时期，黄门令史游的《急就章》中载"师猛虎，石敢当，所不侵，龙未央"[67]。"敢当"是一种所向披靡、战无不胜、勇猛向前的精神体现，石古人指的是姓氏，后来古人又说"石敢当"[67]是一种虚构的名字，意为辟邪。泰山石敢当的实物多见于清朝时期，它常被立于村口、巷口，意思是大山的石敢当。这里的"泰"即"大"的意思，泰山即大山，有体量，体形巨大，是镇妖辟邪、治病去灾的最好象征和寄托。石敢当有立于宅前的，也有嵌镶在墙体上的，雕刻石敢当的石材多为石灰石和青砂石。

张犇著的《羌族造物艺术研究》中说："清末《成都通览》曾记录'现今之成都人，原籍皆外省人'。这次移民大潮也带去了多种汉族文化，据此推断，'泰山石敢当'应在此时传入羌区。"[68]说明泰山石敢当应在清代传入羌族地区，并成为他们信仰的神。泰山石敢当一般立于庄房、碉和碉房的门前，常在东侧。泰山石敢当一般由三部分组成（图 4.23），上面部分是石敢兽头；中间部分为碑身，常用浅刻手法，其上刻着"泰山石敢当"五个大字和浮雕，有回纹装饰边；下面部分为基石。石敢兽头似圆球，双目大睁，还伸着舌头，看上去凶神恶煞，十分威严。泰山石敢当的形象多种多样，没有一个统一的定制标准，总高度在 1.5m 左右，宽度在 0.3～0.5m，厚 0.15m。笔者在茂县黑虎寨鹰嘴崖一村的刘氏家门前东侧意外看到一种体形矮小、形同狮身人首的石敢当（图 4.24）。石敢当多种多样的做法表明这一环境小品仅仅存在于羌族人民的心中，既可以是具体的动物形象也可以是人物形象。这些形象不再重要，重要的是石敢当代表的"神"的含义，具有镇灾辟邪的寓意。

图 4.23　羌族布瓦村中的泰山石敢当　　　图 4.24　黑虎寨中动物形象的泰山石敢当

3. 白石

白石如同羌族传统村落环境的泰山石敢当，其更多意义在于宗教信仰。白石又称石英石，是自然形成的，这种合宜性源于羌族人的观念。白石一般不需要人工雕刻和修整，就是原始自然的形状，尺寸常为 0.3m×0.5m。室内神龛放置的白石尺寸通常为 0.1m×0.1m，室外祭祀神台上摆放的白石要大一些，尺寸通常为 0.5m×0.9m。在羌族人心目中，白石是天神和祖先神的象征，是所有神灵的代表（图 4.25）。

图 4.25　羌族信奉的白石神

（二）设施类

1. 石磨

在海拔较低的北川、平武等地，羌族传统村落环境会出现一种石磨。石磨是由两个直径一样的圆台上下重叠组成的，上面的圆台靠圆心一侧有一个直径0.02m的孔洞，它直通下面的圆台。在圆洞的对称点上有一根长0.05m的木棍，木棍靠外侧有一穿透的孔，上面系着绳子，这是拉磨转动所用的拉绳。下面的圆台被称为磨盘，磨盘和下面的圆盘由一整块石头雕凿而成，形状类似于一顶有边缘的帽子。该圆盘外围一圈是凹槽，便于圆台转动时磨碎其内的谷物成粉末状或液体，然后汇集在凹槽内，再经槽口流入早已准备好的口袋或陶罐中。

石磨由石头敲打制成，圆台大小直径为0.4m，圆盘直径约为0.9m，高度仅为0.3m左右，而石磨与柱脚整体高度为0.7m。在高山的羌族聚居区很少发现这类石磨，却发现了石碾子这种磨（图4.26），可能是因为低海拔的盆地水源不及高原和高山地区。同时受汉文化影响，石磨的生产方式传到部分羌族地区，得以室外运用。石磨一般为私用，其位置通常在宅前一侧的屋檐下或偏房的室内。

图4.26　羌族建筑中的石磨

2. 花坛

羌族传统村落环境有少量类似于现代花坛的环境小品，这些小品分为两种：一种放置在建筑屋盖的女儿墙上，在陶盆、石槽以及木桶里放上土，栽种土生土长的植物，如芦荟、仙人掌，以及当地人所称的"羊角花"，即杜鹃花。这些植物适应当地的气候，生命力极强，易存活在石房顶上，让坚硬的石建筑瞬间变得生机勃勃，与大自然环境有机融合。羊角花花色鲜艳，在土灰色的岩石上显得十分突出，当人们进入村落时便会被这一簇簇的羊角花所吸引。另一种是宅前屋后的坝子处及其周边，常常有高于地面的土坡或田地，这些高差的地方村民会自己动手用石块垒砌成护坡和土墙，阻挡坡上的泥土滑落，时间一长，石墙里面会生长出各种各样的植物，形成花坛。位于广场和坝子处的花坛，台面成了村民就坐的石凳。传统村落环境设计是较少出现花坛的，它是当地人不经意中创造出来的环境小品。譬如笔者在茂县的四瓦村调研时，正看到了这类花坛景貌。

3. 出水口

羌族传统村落环境有许多出水口，这与羌族地区的地势条件和气候关系紧密相联。羌族地区有许多河流支系和高原高山终年积雪，有足够丰富的水资源。与此同时，充沛的降水量也为当地提供了充足的水源，使岷江流域、黑水河流域、杂谷脑河流域、大渡河流域等的水源丰富，水量大，支流多，保证了水系河沟的密集。这些丰富的水系、沟渠又成为羌族人建村依赖的重要资源，满足他们生活与生产的需要。从古至今羌族人建村修房、造景都会考虑结合水系设计营造，其中出现许多引水入村、明暗水沟经过建筑前后的做法，让建筑和村落都焕发生机。

水系的各个出水口有的在村中，有的在村外。当地村民会将村内的出水口雕凿或修饰成各种吉祥物，给予美化。譬如，做成龙首吐水的模样，把水口雕饰成杜鹃花的形式等；在进水口处建成神龛或石碉形状，里面有蓄水井。羌族人在地面上挖出较深的坑，坑壁砌上石块，保持整洁和水的畅通，整个形貌整齐统一，水井的水清澈见底，是人们取水的地点。在水口外侧的地方，一般设置相应的神龛，是对水神的敬拜表现（图 4.27）。有些出水口竖立一块石敢当，形式多样。村外的出水口较少做装饰，是自然的沟渠形象，水流经传统村落而后汇集到村外的河道中。

图 4.27 出水口的水神样貌

4. 水槽

水槽是一种简单的竹制或者木制引水设施（图 4.28）。羌族人剖开竹筒，削去半边部分的各个竹节，形成通畅的水槽形状，长 0.3~3m，半径 0.06m 左右。通过多个水槽上下搭接，整体呈现一定的倾斜度，从高山或高处的出水口引水进入竹制的水槽中，再通过节节水槽将水引到建筑旁的水沟里和田地中。这样既方便村民用水，又便于灌溉农田和牲畜饮用，甚至起到改善村落环境微气候的作用。木制水槽即将树干一分为二，挖去腹间的木料，形成水槽或水沟形状，多个搭接引水入户。

图 4.28　羌族村落中的水槽

有些地方的水槽用泥土烧制，形状如青灰瓦片，美观、标准又统一。总体来说，在过去羌族没有塑料水管和金属水管前，水槽是较好的一种引水设施和村落的环境元素，当然它也有安装麻烦、不能固定等不足，在高山气候多变、大风的作用下，其稳定性经常受到破坏，当地村民会不断地进行捆绑和搭接，使之得到持续的使用。

5. 水沟

水沟不仅出现在农田间，也存在于村落环境里，而且数量不少，支系众多（图 4.29）。羌族村落环境的水沟多是水流动自然形成的地面形状，又是排放村民生活污水的设施，兼有排雨水的功能，因此在传统村落里，既有流动的水沟，又有间断性排水的水沟。比如，自然冲刷形成的水沟，常年都保持着充足的水流，只在不同季节水量有所差异而已。这种水沟一般宽至 1.0m，水清澈冰凉。时有时无的间断性水沟，用于宅前屋后排雨水和生活污水，这些水会断断续续流入农田中的水沟或沟壑中。

间断性水沟宽度极窄，一般在 0.15m 左右，形状统一，宽窄一致，深 0.2m，由羌族人自己挖掘，常作为明沟，个别采用暗沟。它们与道路形成一个整体，使用既方便又整洁。如果水资源丰富，个别村落还把水引入村落内，单独形成一条水渠，基本上是常年流动的，但水渠

图 4.29　羌族村中的水沟

采用石块泊岸，水渠深 0.5m，宽度达 0.2m 左右，并和屋后或侧面的排水沟合二为一。这种水渠两侧长有各种水草和植物，十分茂盛，形式也自然，两侧微气候的温度、湿度较适宜人的生活。

6. 护坡

护坡是现代人为了防止高于地面上的土坡和植物、山石等，在自然环境、地面震动、气候作用、人为行动、动物活动等影响下，造成滑坡、泥石流、塌方等现象，建造的一种预防危险的安全设施（图 4.30）。这种设施在传统村落环境也属于环境元素之一。羌族传统村落地处高山、山峦、丘陵等地，那里常年受气候、地质、野生动物等影响，经常造成滚石、泥石流、高山泥土滑坡。因此，羌族先人就在村落基地的周围与村内的土坡上，采用石块层层砌筑做成护坡似的矮墙，类似于挡土墙。而后种植树木或果树来固定坡上的泥土，以防止泥土滑动。有的在坡的下面修建沟壑，以便隔离房屋与土坡，预防危害的发生。

图 4.30　村中护坡

7. 台阶

台阶是连接高低地形的垂直交通设施。羌族传统村落环境设计的台阶有两种：一种是泥土台阶，是人们用劳动工具挖掘出来的阶梯，出现在村落内和村落外的道路上，其宽度为 0.6~1.5m，台阶踏步高深不一，有的踏步高 0.09m，有的在 0.25m 左右，完全是因地形和环境而建造，无法统一。踏步深度如同踏步高度，部分深至

0.5m，有一部分在 0.3m 左右。另一种是用石块砌筑的台阶，宽窄较统一，踏高、踏的深度分别为 0.15m、0.3m。这种台阶主要位于村落环境的广场、某些民居处以及坝子的祭祀神台周围。台阶所用石板兼具自然形状，相互拼合搭接，表面不做任何打磨修饰，十分粗拙。

8. 独木楼梯

独木楼梯是羌族室内外环境解决上下楼层和地势高低的垂直交通设施。一般位于建筑室内楼层间斜向 70°左右的搭接，在二层平台和屋顶位置也有独木楼梯的搭接，室外独木楼梯又搭接在高低的田地之间，方便人们上下田埂到农田劳作，广场和坡地上个别处也有使用独木楼梯的。独木楼梯为木材材质，放在室外环境的独木楼梯因为长期受风雨侵蚀，腐烂得快，而室内独木楼梯与平台之间的楼梯保持时间长久许多。木楼梯的长短是根据楼层高低和室外地形的高差来决定的，短的独木楼梯为 0.5m，高的在 5～7m。它由一根被剥去树皮直径在 0.2m 以上的树干制成。人们根据使用需求，以相等的距离在树干上削成上平下斜的踏步，整体树干有众多锯齿状，形成阶梯形式（图 4.31）。独木楼梯在高原地区的藏族民居中也被广泛使用，其作用和形状完全一致。

图 4.31 羌族独木楼梯

9. 沟壑

羌族传统村落环境有自然形成的各种形状、大小的壕沟和洼坑。这些沟壑有的较浅，有的较深。深的沟壑一般村民会在它的边缘种植物，或用树干做成护栏阻挡野生动物，也有用石头建造的栏杆，保护族人的安全。通常浅的沟壑不做防护措施而呈自然形状，里面长有杂草等植物。村落讲究安全，因此，羌族先人在选址建房时尽可能挑选沟壑少的地方，而村落周围自然地形的沟壑敞开做化肥池。人们会定期将家中人、牲畜的排泄物用桶或其他容器挑运到田地并倒入沟壑里，既能积肥料，又能清洁建筑室内环境的卫生，保证私厕内的污物不会溢出，避免造成人居环境的污染和生活的不便。

10. 田埂

田埂是在田地或果园外围用泥土堆筑的劣土小路，它的宽度一般为 0.3～0.7m，方便村民到田地劳动和挑运肥料，运送蔬菜、粮食、水果等。在羌族地区田埂十分密集，这主要跟羌族所在的地形、地势条件相关。羌族用地较少，村落的土地被分给各家各户耕种，这样的土地变成小块的田地，在村落环境的景象里，田埂呈现纵横交错、弯曲的网格式布局。

11. 闸水板

闸水板是单独的一种环境设施。水房中的闸水板体量大，操作稍有复杂，所关启的水域较宽大，常用于各种宽窄类型的河道，而单独使用的闸水板是由木材拼接成的木板，用在水沟或稍宽一些的小河沟里（图 4.32）。这些河沟或水沟的宽度往往为 0.5m 左右，闸水板的上游要挖出宽度为水沟 2 倍的贮水地方，而后在水沟两侧靠岸的地方插入 0.8～1.5m 高的木桩，桩上抠出滑槽，而后将木块从上向下插入槽中，便构成木板来挡住沟中大部分水的流出，使上游水位升高，水流改变了方向流入其他沟中，以此来浇灌农田等。整体而言，闸水板的宽窄视河道的宽窄而定。闸水板制作简单，要求不及水房闸水板复杂和标准高，因此数量多，成为村落内外环境的设施元素。

图 4.32 羌族村落中的闸水板

12. 泊岸

羌族传统村落环境的泊岸较少，一般有河道的村落才会修筑。传统村落旁的河道大多是自然形成的，较少人为建造，羌族地区的泊岸多在村落中，人们在河道较窄的位置砌筑而成。泊岸通过石块和泥土、植物等材料在河道的两岸修筑而成，用于盛水、洗涤、观赏、玩耍和休闲。羌族人民根据民族信仰活动，结合地形和气候建造了相应的泊岸景观，他们采用石块砌筑成阶梯形石头河岸，方便人们的生产生活。然而这种泊岸十分稀少，源于羌族人民质朴的营造思想和经济条件。

13. 道路

羌族传统村落环境的道路主要有三种：第一种是连接户与户之间、村落与外界之间的土路。这种土路是人和牲畜经常踩踏变成夯土后形成的道路，在羌族地区非常普遍，这是由于当地的地理环境与经济条件决定的。土路的宽度因用途而不同，宽的主路在 2~5m，窄的户路在 0.5~1m。这种路面在晴天较好，但是到了雨雪天就变得十分泥泞，走在这种路上的人容易滑倒，不利于村民行走。第二种是道路上铺装石板，构成石板道路，路的宽度仍然同窄的土路（图 4.33），它取决于村落的地理位置和村民的经济条件。譬如王泰昌官寨和瓦寺土司官寨的石板路就远比其他村落多。第三种便是栈道，一般有这种道路的传统村落都居于高山险要之地和河谷偏僻之处。如理县的木堆寨。

图 4.33　村中石板道路

《四川通志》载："茂州石鼓偏桥，即古秦汉制，缘崖凿孔，插木作桥，铺以木板，覆以土，旁置杆栏护之。"[69]这便是较早关于羌族地区的古代栈道记载。羌族传统村落环境的栈道较简单，多用粗壮的木杆插入岸壁石孔中，做成梁的形式，上面铺木条并修建木栏杆或栏板，成为村落内连接户与户、村落与外界之间的道路，也有在地面上采用木杆架梁，铺上木板组成路程长的栈道（图 4.34）。栈道虽然解决了出行问题，但也暴露出木材容易磨损的突出问题，这就需要经常更换栈道上的旧木板。因此，羌族人养成了栈道上哪里有损坏就在哪里自觉动手修补的习惯。

图 4.34　羌族地区木栈道的假想图

14. 围栏

围栏是建在地面上或道路、桥梁上的构筑体，起着阻隔人和牲畜行为的作用，其高度一般在 1m 左右，由柱子（望柱）和横杆、栏板等构件组成。羌族传统村落环境的围栏基本上较单一，构造形式简单，因地施材，以树干、竹竿和石条构成（图 4.35），主要采用不削皮的树干。它的直径为 0.03～0.05m，有相同的望柱，2～3 根直径略小的树干榫卯于望柱中组成一榀围栏，又叫围栏的一个单元，而后插入地面或桥梁中，构成完整的围栏。围栏主要与道路、桥梁连接成为安全的构筑体。

图 4.35　羌族村落中的石墙围栏

15. 拴马桩

拴马桩为我国古代常见的拴牛、羊、马的绳子的环境设施。羌族传统村落环境设计的拴马桩，位于建筑墙体上偏勒脚的位置，这个地方一般在朝阳面，离地面高度大约 1.0m（图 4.36），离户门 2m 左右。做法是在墙上留一个约 0.3m×0.2m 的凹槽，槽深 0.15m 左右，槽的中央横向一根圆木棍，直径 0.02m，两头插入墙体内，只能左右摇动，但不能取下。平时就将马或其他牲畜的牵绳系在上面，防止它们乱跑。譬如汶川布瓦村的建筑上均有这种环境设施。

图 4.36　羌族建筑上的拴马桩

（三）图形与家具类

1. 图腾

图腾是过去一个群体认同的标志，是原始人类迷信某种动物或自然物，与氏族有关系，通过族人对它们图形化后成为该氏族的图示代表。羌族自古以来都用羊作为本族图腾的代表，羊对他们来说既是他们生活的保障，又是抵御外族侵略的吉祥物。因此，无论是过去还是现在，他们举行各种庆典与祭祀活动时，都会用一只羊来祭奠，羊在羌族人的传统思想中如同白石般神圣。在羌族传统村落室内外环境设计营造的重要位置都摆设和挂置羊首，有些环境采用白石拼成羊头的图形（图 4.37），标示安全、幸福和太平之意。羊首常放在祭祀神台上，或悬挂于村口的木柱上和木框中，或在建筑门楣中心挂羊首，或在墙壁上用白石拼贴羊头图案，室内却少摆放羊首，大多布置在室外环境中。

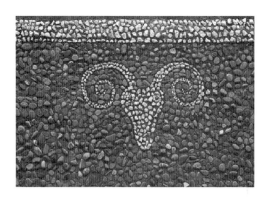

图 4.37　羌族建筑墙面上的羊首图案

2. 纹样

羌族传统村落环境设计常有石块拼贴的纹样和剪纸纹样，在广场地面的祭祀神台上、建筑墙壁中、室内壁面上、石敢当上、碑身上和出水口处也配有各式纹样。它们大小不一，会根据环境的面积和空间而定。面积大的广场纹样就大，一般为 1～2m；面积小的纹样在石敢当身上，为 0.08m 左右。羌族传统村落环境的纹样主要有万字纹"卐"、羊首纹、"回"字纹、"王"字纹、瓶形纹、"十"字纹（图 4.38）、"太阳纹"（图 4.39）。室内家具陈设的装饰，有龙纹、凤纹。万字纹"卐"有圆满成功之意，一般位于东西二层的墙上且漏空，既有通风又有采光的作用。"回"字纹在羌族地区使用频率很高，家具上大多都有这样的装饰，如角角神的神龛中，有财源广进和不停止之意。室外墙壁上的分层区和女儿墙的范围，常会有一圈这种的纹样装饰。"王"字纹寓意如山中的猛兽，居高临下，有地位、权势和财富的象征。该纹样常用于建筑女儿墙上。瓶形纹似瓶子形态，有平平安安的意思。侧墙顶上的瓶形纹常被羌族人用白石镶嵌而成。"十"字纹在羌族人民心目中犹如太阳一般充满神奇的力量，让各种势力平衡。它由多个等边三角形漏空组成"十"字形纹样，具有通风和采光的作用，常嵌于二层墙体阳面上。太阳纹形似太阳图形，由白石镶嵌而成，寓意如太阳一样有无敌的力量，能保证地球万物的温度和生命，被嵌于朝阳的石墙上。

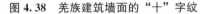

图 4.38　羌族建筑墙面的"十"字纹　　　图 4.39　羌族墙面的"太阳纹"图形

室内环境中的纹样一般都在家具和陈设上，羌族人采用龙凤吉祥的纹样，寓意家庭和睦、团结、财富递增、人的职位高升等。羌族人使用雕刻的手法表现，用红纸剪成杜薇花纹样，代表男女的各个"保护神"，具体在一个鼎里插上莲花组成整个图案纹样（图 4.40）。当地羌族人都要定时更换这种纹样，并贴在角角神两侧的墙上，其大小统一为 0.3m×0.15m。其他一些外来的纹样使用较少，如菱形。以上这些图案纹样除了信仰和功能，还有一些房号的用途。《羌族民居建筑上的"房号"图案分析》一文认为："这些图案除了装饰用途，还是一种'房号'，是用来实现对部落姓氏进行区别的标志。"[70]在羌族传统村落环境还有一些如锁子扣、链子扣、水波纹、团团花、火花盒、升子印、一颗印、吊吊花、灯笼须、方格子、八瓣花、树留子、台台花以及动物等图案纹样，然而这些纹样只用在刺绣上（图 4.41），却少在室内外环境中出现，在此不做分析。

图 4.40　羌族室内悬挂的莲花图案剪纸　　　图 4.41　带有图案纹样的羌族刺绣

3. 角角神

角角神位于室内环境的角落中，与室内的中柱和对面墙角几乎连成一条线，可以说是羌族人对祖先的崇敬，而成为他们的化身。其中包括牲畜神，它还是镇邪的保护神。在严寒的季节里，室内木质构成的家具少，却为羌族人提供了舒适的感受，在心理上产生安全、健康、温暖的认同作用。笔者对羌族庄房室内空间角角神的位置进行气温测量，又与角角神对角地方的气温进行比较，角角神位置的气温高 1℃ 左右，足见角角神具有挡风、隔冷、防潮的功效。当然角角神并不是自然物质，而是一件高 0.8～2.0m 的三角形柜子与神龛（图 4.42）结合的木制家具，柜子里摆放供神的物件，龛上放神位、白石，贴"天地君亲师"字样的红色纸条，其前有烧香的香炉。角角神两侧的墙面贴有图案的剪纸，图案是杜薇花，又名"神衣"，代表男女保护神和牲畜神。这些剪纸是室内少有的装饰。

图 4.42　羌族建筑室内的神龛

4. 火塘

在气候非常复杂的地区，羌族人一直在为他们生活的舒适性与安全性考虑。由于这些地区冬天寒冷，还会遇到严寒，对羌族人来说十分危险。春天、秋天，羌族人居住的地区室内温度仍然不高，平均气温在 10℃，而夏天温度平均也只有 20℃ 左右，并且昼夜温差大，这就造成羌族人民世代较重视居住室内环境的弱气候，更多是防寒、防风、保暖。火神化身的火塘出现，解决了室内寒冷的担忧。火塘是用石条或木条在地面镶成四方形，其上置三块有弧度的石板，条件好的家庭会用铁制的四脚架（图 4.43），其中在一端用小铁环标示其重要位置，表明它朝向角角神，也是家庭尊者的坐向。火神又叫"锅庄"，其源于羌族人民围坐在火塘

图 4.43 羌族建筑室内的铁制四脚架火塘

一圈，或围成圈载歌载舞而得名。火塘的形式多样，有的在火塘上设置一块桌面放食物，其下是余火，这样方便冬天家人聚坐在一起取暖，但不能在桌子上面吃饭，也有在桌上留出一个孔洞用于伸进柴火。火塘的位置一般在角角神与对角连线中点处且靠角角神一侧，它约占室内空间的 1/4。火塘除具有浓厚的羌族人民信仰，蕴含丰富的文化内涵，还能改善室内寒冷的弱气候，让室内环境温暖和煮食物。因此，可以从这一视角判断古老的羌族人在早期过着游牧的生活，为方便移动炊具和保证他们需要温暖的"火"，维持他们的生存，在西北高原较严寒的冬天，必须有不灭的火塘，否则取火非常麻烦，因此，羌族人要一直保持火塘的余火不熄灭，它又被称为"万年火"，这种文化仍留存至今。笔者在调研过程中，在冬季运用空气温度计对此处进行一定距离的测量，发现离火塘距离越近，其空气温度越高，湿度就越低，1m 内为 19～28℃，同时室内整体温度也有提升。如在冬天上午 11 时，火塘所在的堂屋室内平均气温为 18℃，而隔壁的卧室仅为 11℃。这足以说明火塘在成为羌族信仰的同时，又提升了室内热环境，并起到不可小觑的舒适作用。

5. 咂酒

羌族是一个非常重视礼仪的民族，讲究长幼之分，尊老爱幼，待客十分热情，忌讳不雅的陋习。家里的一切事务需经长辈同意方能进行；家庭相聚时，如有老人或长辈前来，必须起身迎接；在家人吃饭时，老人与长辈要坐上位，也就是火塘的上方位，后辈坐下方位并要给长辈敬酒、敬歌、盛饭等。羌族人在节日时都喜欢围坐在一起饮用美酒，喝的过程中又不断地往坛中倒水。这种饮酒方式被称为"咂酒"，也是羌族独特的饮食文化（图 4.44）。最初的饮酒是家中长辈为先，随后才由父辈、晚辈饮用，这种饮酒的习俗其实反映了羌族人民抵御寒冷、随气候而形成的生活习惯。羌

族人围坐火塘，须分成男子一边，女子一边，由长辈坐上位，也称"上八位"，其对着的下八位是父辈和男孩，左右两侧分别是女性长辈和媳妇、女儿。家人坐在火塘前，不能在上面跳跃或把脚放在火塘上，更不能把衣服或袜子摊在上面烘烤，这些陋习被视为对羌族祖先不尊敬的表现。

图 4.44　羌族人好客聚餐所饮的"咂酒"

6. 门神

门神通常贴在户门和二进门上，是两张人物画，形似年画，画面人物夸张而生动，是我国民间年画真正的艺术价值的体现。羌族人把门神叫作"迪约泽瑟"[71]，意思是把门的将军，他有保护家里各扇门安全的意思。门神源于汉族地区，古代被羌族人作为信仰传承至今。前面已对门神做过详细论述，这里不再分析，只做位置和材料、习惯的阐述。羌族传统建筑门上贴的门神都是在红纸上拓印或画出来的，他们普遍信仰门神（图 4.45），在张贴前都会烧香、蜡纸，跪拜敬奉，展开一系列的活动，才能寓意门神显灵，保佑家人的平安等。

图 4.45　羌族建筑门上贴的门神图案

7. 雕刻

羌族传统村落环境的雕刻仅在官寨一些构件上出现，有植物和几何纹样的雕刻。在普通民居很少见到，只在泰山石敢当上展现了羌族雕刻的技艺和形式，究其原因主要和羌族人民的信仰有一定的关系。羌族人民讲究万物有灵的神论，即泛神论。各种神不需要人物化，只需要符号化，通过物质、空间和方位表达即可，由此造就了以白石、羊首、中心柱、火塘等物为主的神灵。古代岷江流域的羌族讲求防御和掩藏的自封性格，与其他民族文化很少往来，羌族传统建筑与室外环境所用材料大多是石材，在没有优厚的经济条件和受宗教思想的影响，长期受到高山上恶劣的自然环境与气候冲击，羌族人难以有时间、精力和财力去对住宅做雕刻装饰。与此同时，羌族人民自古都非常注重对自然的爱护与崇敬，形成了万物有灵的朴素自然观和认识观，创造的各种自然神有百种之余，正如《羌族造物艺术研究》所述"在羌区不下数百种"[68]，但大体还是分为"正神"和"邪神"两大类（表4.2），因此在羌族建筑室内外环境设计中雕刻较少。目前少部分地区发现的多样的雕刻，也是后来传入的其他民族信仰文化所带来的雕刻。

表 4.2　羌族室内与室外的神的分类统计

项目	室内环境设计	室外环境设计
正神	白石神、角角神、火塘神、中心柱神、门神、灶神、木匠神、铁匠神、家神、昔母迫、玉皇大帝、观音、仓神（财神）、媳妇神等	天神、龙神、树神、山神、土地神、河神、养神、五谷神、建筑神、石匠神、泰山石敢当、地盘业祖神、寨神、玉皇大帝、观音、白神等
邪神	毒药猫、茸母依、黑煞、恶神等	山妖、树精、畜兽精、路鬼、魔头等

注：根据《羌族造物艺术研究》（张犇，清华大学出版社，2013年）和《羌族词典》（羌族词典编委会，巴蜀书社，2004年）整理而成。

羌族雕刻出现在木质的建筑构件上和石质的建筑构件中。木质的窗框和窗心多采用透雕和浮雕的手法，雕有宝瓶、羊角花、蝙蝠图案，也有在建筑屋檐下的斜撑上雕刻连续性的羊角花纹样。窗扇采用木格条组成钱币纹、"回"字纹、冰裂纹或"福"字纹。门楣上用浅浮雕，雕有君子兰图案。阳台的栏板采用垂直的木格条，扶手处雕成"十"字形图案。石质的雕刻主要在室外墙体的门楣上，有一带"回"字纹，还有被嵌于墙中的泰山石敢当，其上会有一些动物形象的雕刻，常用浮雕手法。门前的门槛石和门枕石上刻有一些羊角花、太阳图案，通常为浅浮雕手法（图4.46），大户人家的室外门前，设有一对雕刻的石兽。据了解，羌族传统村落环境的雕刻主要还是体现在木雕上。

图 4.46　羌族建筑门枕石上的浅雕刻

（四）自然环境类

自然环境类指村落环境的外围环境，即小环境（图 4.47）。它是影响村落环境设计的重要外在部分或是空间部分。因此，该空间的各个元素位置、尺寸、形态等都会促成村落环境的变化。这些元素主要有森林带、岩石峭壁和宽广的河谷等，它们被称为"下垫面"。下垫面是指地面上的不同物质内容，涵盖地势、地形、空间部分。它们也是影响场所微气候的重要组成部分。

图 4.47　羌族村落的自然环境

本章归纳羌族传统村落环境元素，分类、系统地解析羌族传统村落环境中适应场所微气候的环境元素和非适应微气候的环境元素，并按照构筑类、景观类、农业类和自然环境类等，详细地揭示每种环境元素的特性、材料、形式、用途、体形、位置，以及与其他元素之间的组合关系，从而使羌族传统村落环境的具体元素有了清晰、明确的展示，对具有悠久历史的羌族村落发展结果有了更深入的了解，为其界域、范围以及形貌的形成产生重要的内容支撑。

第五章　与场所微气候相关的羌族传统村落环境及建筑的界域分析

羌族在险要地形上建造村落环境，除了要考究其防御性外，更要考虑当地的气候与地质情况、周围的自然环境，以及传统村落环境设计范围与环境元素等内容。在各种影响因素的综合下羌族人营造村落，既要具有安全感，又要保证村落人们的正常生活。历史上羌族先人建造这些大大小小、形态各异的村落，其环境设计的范围各有细微区别，村落中的环境元素也不统一。羌族先人根据族人的生活、信仰、劳动、战争等方面，创造了构造方式相同，建筑形态和村落范围不同的景象，下面分类阐述。

一、界限范围与村落的关系概述

传统村落的边界是多样的，有以构筑物界定的范围，也有以自然元素界定的边缘，并且以道路、水沟、植物、地形界定的村落边界及其包含的范围，更有以空间的功能、种类确定的范围，依据实物进行明确的竖向界定。正因为有了清楚的村落范围、形状和领域，羌族传统村落才具有自我保护与防御的作用，村落内各种环境营造空间和设施较为丰富，类似一座缩小版的城市，均有货铺和作坊等，在自给自足的农业经济时代基本是较全的传统村落环境，譬如河谷型村落类型中的桃坪羌寨、木卡羌寨、羌峰寨等。这些村落均有明确的围墙和栅栏，又有村寨的大门，村落庭院多，大小不一样，公共服务的货铺一般位于大坝子旁，并按照前面章节所述，村落环境应该有较为合理的布局关系。

以自然地形为屏障划定村落的界线和领域是一种常见的手段，即为自然元素界定。它具有省力、省财、省时、省地的可持续设计表现，这在中国传统村落环境营造方面是非常普遍的。有以悬崖峭壁为手段营造岷江上游的羌族传统村落，如黑虎鹰嘴河村落、亚米笃寨村落、河西村落，也有汉族地区安徽省休宁县木梨硔村。木梨硔村位于海拔近千米的苦竹尖，村落三面悬空为悬崖，村落共有 52 户 166 人，据说是黄山市地势最高的传统村落。村落仅有的地方都成为公共环境，而四周悬崖便成为天然的界限，划分村落与自然的空间。重庆市这类村落更多，当地村民采用干栏式构建房屋，所用房屋均有一面悬于山崖，其下以木柱支撑建筑，这种建筑形式是当地古人在长时间生活中，向空中要使用面积的节地做法。

另一种以道路来划定传统村落范围界限。村落周围道路环绕，既能进入村落，又能连接村外的主道和小径。这种村落一般不设围墙，由建筑墙体和村落田地围合而成。通常划定村落的界限与村落类型有一些关系，这些村落类型有高原台地村落类、高原半山型村落类、河谷型村落类和丘陵型村落类，譬如茂县四瓦村和牛尾村正是这样的做法。村落以植物和不同的地势来划定传统村落的范围，应用树木、灌木分隔场地空间，形成村落内部环境和外部环境。在羌族高山地带，山上绿树葱葱，杂草丛生，村落内一般建有夯土和石板形成道路、院落、坝子，其草木稀少，而周围的植被环绕形成重重的分隔带，划定出村落的界限。有些传统村落四面或两三面都有水沟，它们有自然形成的，也有人为挖掘的。水沟使村落与周围环境之间形成分区。这种以水沟作为村落界定范围的手段，一般均出现在河谷型聚落类中，譬如理县的桃坪羌寨、坪头村都是这样的情况。在众多划分传统村落界线的手段中，有一种根据村落外侧的地势，如高阶地、土坡、挡土墙、山崖、石陇、山峦、凹地、自然缝隙、沟壑、池塘、水坑等来划分空间的界限，它们也是构成传统村落边界的主要元素。在过去因气候和地理影响，经过地质变化形成的天然地势，古代人以顺其自然、天人合一的理念，把它作为有力的边界划分手段。譬如黑水县的赤不苏 1 组，正是这种村落边界的体现。村落有 10 余户，二三十人，被建在山崖下，层层裸露的石岩是村落的北面和东北面，也是最适宜的界限（图 5.1），该村的海拔在 2330m，属于半山型村落类型。由此这种根据村落类型而划定的界限范围，主要为半山型村落和丘陵型村落，其他的高山型村落与河谷型、台地型村落较少出现。

图 5.1　建于山崖边的羌族传统建筑群

以功能空间和种类为主的传统村落，其外围界线是根据气候条件而形成的村落范围。传统羌族人除了考虑当地气候、自然地形、地势环境外，还要关注族人的生产资料和生活食物的来源，由此他们会选择取水的位置、种植的土地、牧羊的草场等地方，以及村里族人举行各种祭祀活动所用的坝子等空间。在不同的村落类型，羌人营造的村落功能空间的分布均需要考虑，而村外又要同时关注，由此许多村落外围便出现田地空间。它们大部分位于村落的前面，这些位置敞亮，日照条件好，面积大，地形可以得到充分的利用，而且羌族人不用担心村落族人们的安全。引水浇灌田地或者雨水引入水沟，当出现水量过多引起地势低的房屋地基破坏时，必须重新开凿新的沟堑。村前的庄稼被一些野兽破坏，村民发现后也能及时驱赶它们。有些村落的三面或四面均有田地，这些田地便是一种农业空间，其周边由田埂围合与村落连接，自然地形成划分村落的界线。该边界能在各种村落类型中表现。譬如松潘县高山型村落的双河村就是这样的情况。除了上述三种情形的村落界限，还有一种是三种混合的各个元素构成的村落范围，其界线部分由植物分隔，一部分由地势条件分隔，另一部分由水池或者道路等分隔，最后统一勾勒出传统村落的界限范围，区分它与周围环境的区域。这种传统村落的边界在台地高山型、半山型、丘陵型等村落类型中表现明显（表5.1）。

表 5.1　各种传统村落类型的环境范围界定分类

序号	范围	类型			
		构筑物界定	自然元素界定	功能空间界定	混合元素界定
1	台地型村落类型	△	△	△	△
2	高山型村落类型	△		△	△
3	半山型村落类型	△	△	△	△
4	河谷型村落类型	△			△
5	丘陵型村落类型	△		△	△

注：各个传统村落范围的界定，在村落类型中用"△"表示。

二、羌族传统村落环境平面的界域分析

村落是指长期生产、生活、聚居繁衍在一个边缘相对清晰，特定地方从事农业的人群，其组成固定的空间单元，一直从事田园式的劳动，有以农业和牧业为主体的，也有以农业兼手工业为主体的。可以认为村落是较基层的农村聚落单元，国内外对村落这种单元曾有过相应的标准和参数，"如国际统计学会将居民人数少于 2000 人的聚居处划分为农村，联合国则将 20000 人以下地区定义为农村等。……1953 年中国政府人口普查时期制定的划分标准，即常住人口少于 2000 人者为乡村，高于 2000 人者为城镇。"[72]。我国现行通常一个乡有 10～100 个村落，村落的人数应为 20～200 人，那么自然形成村落多的户数在 60～70 户，少的也在 3～6 户。这些数量是跟村落的地理位置、气候条件、交通情况、自然环境和人文等息息相关的。羌族聚居区的传统村落户数也基本符合这一参数范围，参数大表明村落的规模大，用地范围大，与周围自然环境之间的界限也反映了村落环境设计的丰富性和多元化，更能体现村中建筑室内环境设计的舒适性。譬如安徽歙县的宏村、北京门头沟区的爨底下村（图5.2），贵州的侗族村，羌族的布瓦寨（图5.3）等村落。

图 5.2　北京门头沟区的爨底下村景象　　　　图 5.3　羌族布瓦寨村落环境景象

羌族传统村落环境设计的范围主要由村落与外部自然环境、村落竖向与横向的范围构成，前者在前文已有论述，本节重点讨论村落环境设计的竖向与村落环境设计的横向范围内容。这里的竖向是指传统村落垂直于地面的人造物，有立面和竖向空间的意思；横向是指传统村落平面的人造物与植物布局，建筑室内外空间环境设计等内容。

（一）羌族传统村落环境的平面范围

在当地气候常年影响下，羌族传统村落主体一直建在低气压、高海拔地区，那里室外寒冷，受大陆季风性气候作用，冬寒夏凉，春季、秋季却短，以冬季与夏季为主。夏季虽然太阳辐射强度大，受可见光与红外线照射也大，时间长，从印度洋吹来的湿润季风会把热量带走，形成夏季白天热、晚上凉的现象，那里海拔越高，这种现象就越明显。印度洋吹来的潮湿风带来了充沛的雨水，由此在岷江上游和杂谷脑河流域的高山上降水是时常发生的，这导致该地区传统村落环境设计特别注重防水灾和泥石流的发生，更多要考虑防寒风、防雨雪和冰雹的灾害，以及及时保暖、需要的光照等要求，使村落的室外环境空间不仅窄、小，而且要具有坚固性。这些气候现象使村落出现横向的环境设计高低错落、相互遮挡的景象。同时，横向的村落范围重在分析其平面布局，建筑室内与建筑室外的空间环境设计营造，空间形态与建筑形态、设施等内容。

分析羌族传统村落环境范围，是需要结合村落外周边环境与气候条件、自然元素的，在气候影响下，环境是统一的。"一些其他地域的聚落研究也发现小环境对聚落的微气候是有显著影响的。"[72]否则，许多环境形态的做法和理念是无法合理解释的。因此，需要将这部分人工营造环境与周围的局部环境做一个整体研究。事实上通过笔者考察，早已从羌族传统村落的环境中察觉出这样的现象，从他们营造的口诀里发现了这方面的描述。羌族的祖先在进行村落选址时与营造过程中，是将村落周边的自然环境与村落的人造环境整合后统一考虑的。根据笔者长时间调查，从羌族传统村落环境构成的范围看，主要是大尺度的建筑及坝子，两者的空间是村落尺度的主体。一般羌族传统村落尺寸范围在 100～500m，其村落周边自然环境的厚度在 100～1000m 是有影响的。这里的厚度是指周围自然环境的元素如山体、树林等，所占有地带围绕的深度或宽度。边界外围的农田、水体、道路等空间深度，通常在 3～100m，笔者认为它们是一个系统，这对整个村落环境系统而言（表 5.2），水平尺度的范围大致可定义在 1500m 内，垂直尺度在 10～100m。这种尺度范围，本书称为羌族传统村落微气候系统。在进行羌族传统村落气候适应性研究时，应该将村落外围的元素如树林、山体、农田、水系等都纳入这个环境设计系统中，从而综合性地考虑。这些部分是由村落的人工环境和周边局部的自然环境共同构成的一个系统环境。

表 5.2　被调研的羌族传统村落物理尺寸统计　　　　　　　　　　　　　m

尺寸	村落						
	桃坪羌寨	萝卜寨	黑虎寨	双泉村	四瓦村	布瓦村	赤不苏
长	约150	约500	约130	约15	约60	约370	约30
宽	50～85	30～350	5～60	10～400	150～230	100～500	约45
高	约11	约25	约30	约45	约30	约100	约15
厚	200≤	300≤	200≤	300≤	400≤	150≤	100≤
海拔	1420	1970	2472	2503	2800	2022	1842

注：所有数据源于实地测量和推算。长指村落平面进深；宽指村落横向尺寸；高指村头场所位置与整个村落建筑最高位置间的垂直距离。

（二）羌族传统村落界外空间

前文谈到村落边界通常由山川、河流、岩石、森林等元素与村落环境构成。由于羌族地区村落多建于险要的高山、半山、河谷等地形，一般都是前敞阳、后依山，构成负阴包阳之势，周围群山环抱，具有稳定的村落空间形态，而在这些群山环抱之中，密集的植物形成了树林。树林沿山势而生，覆盖着高山崖谷，其厚度无法用具体的尺寸确定，只能从微气候的范围给予决定。"树林宽度通常在 50～100m，以高大的乔木为主，树冠高 15～20m，较大尺度上的山体和较小尺度上的风水林，共同组成了聚落人工建成环境的边界。"[37] 羌族传统村落河谷型与丘陵型村落都较适合这样的尺寸，对半山、高山型村落类型几乎难以产生类似的尺寸，原因是它们外围都是树林环绕，厚度较大，只能大致确定在 1000m 以内。羌族传统村落沿山体竖向而建，树木的高度以羌族传统村落类型而言是非常适合的，从竖向看，村落自然形成了纵向的高低错落形态（图 5.4），自然元素层层叠加，大致达到 1000m，甚至可能超过这个尺寸。

图 5.4　羌族传统村落高低错落的形态

村落边界外围的自然环境对村落内的微气候有相应的调节作用。高山能遮挡阳光，让村落少受到太阳辐射，造成建筑室内外环境寒冷且令人不舒适，山还能阻挡气流，改变风向，影响高山上各类型村落对风的需求。树林具有遮阳与蒸发降温的作用，它的覆盖率能让区域内的传统村落产生大面积的阴影区域。在夏季，林荫下的环境温度会比阳光下的平均温度低 3～5℃[72]，为村落的公共环境提供较低的室外气温。树林形成的屏障也能挡住寒风对村落环境、建筑室内环境的空气温度影响，避免冬季从峡谷吹来的刺骨的寒风带走室内热量并伤害人的身体，因此树林具有防风的作用，同时夏季还能挡住部分的太阳辐射直射到建筑外墙面上，减少墙面过多的得热传导给室内，升高室内的空气温度。与此同时，它又控制外墙对室外环境的热辐射。

微气候系统的自然环境空间，是指从羌族传统村落环境边界的外部到其他村落之间的空间。这一范围构成村落环境设计的气候系统，如果从"图底关系"的角度辨析，是底的部分对村落环境设计的微环境具有明显的影响（图 5.5）。"图底关系"是从早期"格式塔心理学"引进到设计领域的一种分析图解方法。1960 年，美国记者简·雅各布斯最早以此方法指出美国城市结构问题；1970 年，伯克利的克里斯托弗·亚历山大利用 8 年时间，以该方法评价了人类已有的城市、建筑、景观，并分析出户外空间形式的关系内容，从而成为当代设计研究的常用方法，在设计界早已被人们所应用。它是一种表达图形轮廓、前景与背景相互关系的理论方法。运用这种方法能够分析出室外环境中建筑与自然元素之间的关系、环境小品与自然环境的关系、公共空间与私密空间的关系，然后能分析出各种环境空间的用途、规格和形态，以及聚集模式等。应用到场所微气候的传统村落环境设计中，又能了解空间、节能、耗能的关系。

图 5.5　羌族传统村落图底关系示意图

村落环境设计微气候范围的尺度一般在村落环境边界外的 50～500m。根据各种村落类型的情况，因为丘陵型村落类型的村落之间较密集，所以距离近，村落之间的外部空间也就小，尺寸在 50～200m，河谷与半山型村落之间的尺寸为 100～500m 范围内，如果遇到高山，又临近青藏高原地带，村落之间的距离会超过 500m，达到 600m 甚至更多的距离。譬如，松潘县和黑水县的羌族传统村落正是这样的情形。这两种空间由于受到范围大小、海拔、位置、太阳辐射强度、时间长短和空气流动的影响，村落环境的空间形态与建筑形态发生变化。由此，可以这样认为，羌族传统村落的建筑外部空间环境与村落边界，以及界外的自然环境空间共同组成了传统村落环境设计的微气候系统。要了解一个传统村落环境设计和营造是否适应气候，需要从以下三个部分进行分析。

（1）羌族传统村落环境设计范围与它的平面布局、室内外空间有关。羌族传统村落环境由各栋房屋、公共建筑、坝子、巷道、路桥、小品、设施、植物等元素共同组成，这些环境元素可归结为四类，分别是构筑类、小品类、农业类和自然环境类。它们被羌族人民营造和布置在村中，各自有相应的位置，形成了以碉为中心的环境设计，或以水渠为中心，或以道路过街楼为中心，或以官寨为中心的环境设计。围绕这四种环境布局形式，各个环境元素又被归结成两大类：一类是实体由各座建筑构成组团，有室内环境设计和建筑的前院、后园、设施、植物；另一类是空间组团，为建筑外部的各个功能空间，有公共活动的坝子（广场）、路桥、巷道、水系、沟堑等。羌族传统村落环境设计中的组团是由多座建筑依照族系、血缘、信仰连续拼接形成的团块，这种连接围合出相应的面积，构成了大小不一的琐碎空间，自然成为宅前屋后和山墙旁的菜园、果园空间。各个空间有机连接在一起附属于组团，而组团边界又由传统村落中的巷道（图 5.6）、路桥、水系、沟堑、田埂等连接结束。当然组团边界之外就是各个空间，因此，一般羌族传统村落是由大大小小的实体组团与空间组团所组成的。组团较小的环境设计是建筑内环境设计，这些设计包括室内功能设计、家具设计、陈设设计、空间设计、图案绘制和气候设计等。

图 5.6　羌族传统建筑构成的巷道

（2）羌族传统村落环境设计的组团既是实体，又是成组的建筑群，它们由长、宽、高等尺寸构成，并因村落各个巷道、路桥等空间分隔成组团，形成实体与空间的边界，影响村落的微气候及室内的舒适性。巷道空间小即反映实体之间距离近，太阳辐射直射空间范围小，墙面得热少，蓄热不足，无法传递给室内空间，导致晚上室内空间环境较冷。反之，巷道空间大，建筑之间距离宽，那么室外墙体就会得到更大范围的太阳辐射，从而墙体得热就多，传导给室内的热更多，保证了房内温暖。巷道是引风或改风向的交通空间，一般无拐角的直线巷道，非常利于风的引入，通过门窗和墙体的束缚将风导入各个建筑室内空间，保证夏季室内的降温。如果巷道转折多，各段巷道之间又不连续，甚至会有封闭和阻隔，必然带来空气的四处分流，导致在夏季正午的室内产生闷热的感受，在海拔低的北川等地表现特别明显，因此要注意这种情况的发生。笔者在对羌族传统村落环境进行调研时，统计了一些巷道空间与实体的数据，了解羌族传统村落建成时间长、规模大、地理位置和地形条件好的，反映了村落巷道的密集度高、数量多，在 10 余条。相反，时间短、地形条件差、自然环境恶劣的，体现巷道少，成网的也少。譬如汶川的羌锋寨和萝卜寨、理县的桃坪羌寨（图 5.7）、茂县的四瓦村等就是这种情况。

图 5.7　俯瞰桃坪羌寨

（3）茂县的黑虎寨、松潘的双泉村中的巷道成网格状，一般主巷道宽度在 1～3m，次巷道宽度在 0.8～1m，如果要明确巷道空间对村落室内外环境的热舒适影响程度，就需要从巷道的高宽比这一分析方式来判断。高宽比是指巷道空间两侧的实体高度与空间的宽度（实体之间的距离）的比值（图 5.8）。测得实体的建筑高度在 8m 左右，经过计算，得到主巷道高宽比的比值为 2.7～8，次巷道的高宽比值在 8～10，这些数值表明在岷江流域和杂谷脑河的羌族地区，无论是高山型、半山型还是河谷型村落类型，村中的巷道都是窄而高，说明它们高宽比值大。狭窄空间能大幅度减小建筑外墙面和地面受到太阳直射的影响，降低太阳辐射的范围和时间，同时能控制外围护界面和地面得热的情况。反之，高宽比值小，墙体表面得到的热会更多，室内气温就会较高。然而在海拔较高的高原、高山地区，由于村落地形条件较特殊，呈现阶地和陡坡形状，虽然村落建筑高度在 8m 左右，每座建筑的

图 5.8　羌族传统村落中的高宽比效果

前后都是沿高程修建的，从而使这些建筑呈现前后高低错落的形式，即使在高宽比值较大的情况下，位于之后的建筑外墙依然会高于地势低的建筑，获得足够的太阳直射。由此，羌族传统村落巷道一侧的墙界面通常都会被太阳辐射直射。与此同时，在羌族传统村落中出现大规模的巷道数量也并不多，这跟村落的人数和规模有关。

（三）传统村落界内空间

众所周知，羌族地区建筑高度会随海拔降低，建筑群整体也会变得低一些。羌族传统村落环境的布局与空间模式是由聚落类型、气候条件、长幼、血缘、辈分高低决定的。辈分高的一般在传统村落的地位较高，建筑位置较好，常在堂屋正中，其两侧稍低一些的房屋多由他的子女居住。建设要求这些房屋之间有一定距离，根据实际调研和资料查阅，羌族传统村落范围的各个元素布局均以此功能为中心，具有防御和适应气候的特点，在不同类型上呈现自由的形式，很难发现有汉族地区的网格式布局。

1. 以碉为中心的范围布局

羌族传统村落因防御和保护及信仰的需要，常在村落主要位置建设高耸厚重的碉，这些碉往往占据村落最佳位置（图 5.9）。其周围地势相对平缓，有一定范围的坝子，村民能在此处汇集，举行活动。如遇到战乱，羌族人会带着财物躲避其中，在室内保持多日的生活。碉作为村落中心具有"神"一样的象征，因此其上有白石、羊首或羊图形，受到村民的敬畏。村里的碉房、庄房都围绕着它修建形成向心的布局，但是建筑的朝向统一，多是面朝东方或南方，这种布局并不一定要求有中心和轴对称的规矩，往往呈现自由的布局和开敞的模式（图 5.10）。一般是建筑沿等高线由下至上布局，错落有致，组团自由，疏密无序，有时在碉中心的东侧成团块状，西侧松散，由 2～5 座房屋组成，距离可远可近；南侧开敞，呈现零散的 2 座建筑；北侧多呈组团状，空间由巷道组团连接，弯弯曲曲的小路串连着村中各户人家，它沿着等高线与田埂合二为一。

图 5.9　羌族地区占据险要和
最佳位置的碉

图 5.10　呈现自由布局的羌族传统建筑

坝子设在碉（图5.11）旁，一般面积不大，为30～150m²，条件好的村落会在主要建筑之间再空出一块坝子，建在村中德高望重的释比和富人家旁边，而非常讲究的坝子，其上会砌筑供奉白石的祭祀台，呈梯形状，高约2m，为1～3层，由石块堆筑。石块均采用大小相似的岩石，位置朝南或东。这种布局的空间模式会出现在羌族传统村落所有类型中，譬如河谷型村落类型的羌峰村，高山型村落类型的布瓦村、黑虎寨，半山型村落类型的两河村等。村落里宅前屋后均种植有植物，大部分是果树，如李子树、核桃树、苹果树，甚至还有花椒树，而灌木与花草则是原地野生的植物。一般村落环境的地面材料采用石块铺装为主（图5.12），主要在道路或广场上，其他地方依然保持着泥土地面，如坝子和次要的小路、上山的路、田埂等。从整个传统村落的环境营造看，羌族传统村落环境设计的艺术形式表现不多，主要在于因地制宜，顺其自然，各种元素和材料尽显其色。

图5.11 羌族碉

图5.12 采用石块铺装的传统村落地面

2. 以官碉为中心的布局范围

官寨，顾名思义就是传统村落过去不同朝代的土司、头人或保长等修建的碉房。其规模大，地理条件好，气候环境优越，是有权力和势力的村落象征（图5.13）。这种以官碉为主的传统村落往往建于半山腰的阶地上，阳光明媚，风速缓和，其东面或南面多为开敞的河谷空间，对面山峰略低于村落所在位置，即所谓风水宝地。譬如茂县的王泰昌官寨，村落位于崇山峻岭之中，由清代中后期王国栋所建。他是当时的地方官员，是当地有钱有势的头领。该村寨现更名为河西村，村落由几个寨组成。官碉位于其他3个寨的中心，总体形式为三角形，所有村落的建筑都环绕在它的周围，朝向一致，为东向。整个官寨占地面积大约600m²，平面为方形，官碉最高为6层，大约20m，保持了碉房室内空间环境设计的布局。一层圈养牲畜，二层住人，三层为地方官员开会商议的办公场所，是空间大的堂屋，有中柱、火塘，平日也是自宅的屋子，功能上官衙与住宅二合一。室内的家具为木制的，其上有一些雕花图案，应是汉族的装饰，摆设于室内的西南向和各个卧室，对比同时代其他村民的碉房，其室内家具和陈设非常华丽。据资料描述，这种情况源于王国栋经常到汉族地区走动，受到汉文化的影响。建筑平面为 U 字形，二层和三层是重点，二层由 6 间房组成，东面是堂屋和议事的办公室，南面为前庭院和天井，西面 3 间房都是卧室，内部有床和梳妆柜，人要到室内需从南面的前院进入天井再到堂屋，因此二层是主要的对外空间；三层东面有卧室和绣花楼，外接阳台，其上安装有方条的木栏杆（图 5.14），仅在南面设置一个书房，其余房屋全是卧室，多达 7 间，足见家人众多；四楼 3 间房屋为储藏室，西北面为 3 间卧室，其余是楼廊和阳台。建筑全由毛石砌筑，十分厚重，有适应气候、保暖和防风防晒的作用，也有防止掠夺、保护家人安全的作用。

图 5.13　羌族官寨中的土司建筑　　　　**图 5.14　官寨建筑上的木质阳台**

　　官寨是由 3 个村寨组成的村落，可谓中心作用非常显著。其用地范围大，各个寨实际上就是一两个组团，由村路将它们连接起来，西北面的张寨，由 6 户组成一个团块，西南面是由 2 个组团形成的陈寨。最东的一面距离较远，位于山腰悬崖处，地势低，是张姓和陈姓 2 家共同构成的 2 个组团的村寨，户数要多一些，呈条形分布。为了军事上的防御需要，人们在村落地势最低的阶地上修建哨碉，用于发生战事时传递信号。所有这一切，都反映其地位的不同，村落的范围也因地形和社会原因，在适应了当地严寒夏热的气候环境下，建设了自由布局的传统村落形式（图 5.15）。

　　3. 以水路、道路为轴线的布局范围

　　羌族传统村落环境设计营造，因其范围的大小和内容非常自由，难以采用平原和高原上、盆地中的几何形式。譬如华北平原的北京怀柔区杨树下村，村落建筑自古以来按照方格网、方块状整齐布局（图 5.16）。村落靠北的位置有一个面积较大的广场，供当地村民平日举行各类活动。在四川成都的黄龙溪村落，规模大，沿着河道呈现网格状布局，村中建筑整齐划一，沿宽敞的道路建设，主次有序，反映古人建房建村的规划理念。村落环境设计的景点也很丰富，有分散的广场，晾晒谷物的坝子，休息的石凳、石桌，还有交通用的坡道，更有拴牛、马的柱子。村落中人们平日饮用的水均

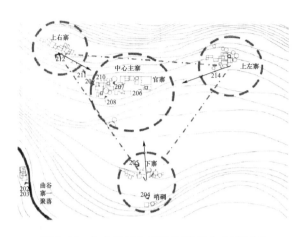

图 5.15 向心性三角形的王泰昌官寨平面图

来自河道和古井，因此在四川盆地的古村落均如黄龙溪一般都挖有水井，供给全村人生活用水。古井一般都建得十分美观，周围建有支架或者用栏板围挡以防止意外坠井，甚至还有在井口盖上盖板（图 5.17）来起到这一作用。条件好的村落，水井上有雕刻，十分美观。在羌族传统村落环境营造中，基本看不见这些环境设施的装饰内容。这可能是羌族当地气候条件寒冷，海拔又高，雪山上的水源丰富，再加上地形复杂，以及羌人自古以来的防御和顺其自然的营造思想所形成的结果。

图 5.16 北京怀柔区杨树下村整齐的布局

图 5.17 羌族传统村落环境中的水井

羌族传统村落环境设计范围以水系为布局，羌族人从先秦之前就居住在岷江流域的高山上，水是从高原和雪山上流下的，那里的水量十分充沛，并且高山雨量大，空气湿润，羌族人民选择的居住地点旁都会有水沟、河道和地下水。常见的自然形成的水渠、河道，保证了村落中人和牲畜的需要，围绕这些水系产生了许多村落，有沿水沟、河道两岸搭建的村落，也有沿水系一侧建设的村落。羌族人引水入村，这些水渠又被人为地改造成多条支系，形成合理的用水设计。譬如理县的木堆寨、桃坪羌寨，汶川的白溪寨。这些村寨均建在半山腰和河谷地带，属于半山型村落类型和河谷型村落类型，村寨中植被茂密，景象宜人。沿河道与水沟的村落（图 5.18、图 5.19），其建筑顺着等高线层层向上或下建造，水沟中段向上一般是村中的老房子，那是该村落较早的住户，这在木卡村寨能见到。村落环境还设有公共的磨房和控制水量大小的水房，它们常被修建在村落的上水位置，以借用水的流动带动石磨工作，为周边村落的羌族人磨面粉。当上游的水量过大时，羌族为防止多余的水流破坏环境设施，必须调整水阀的转向，让水从别的沟壑中流走，这样的村落其范围都较宽敞。

图 5.18　羌族传统村落中的水沟景象　　图 5.19　羌族传统村落旁的河

　　在传统村落建设里，羌族村落以主干道为轴线，在其两侧布局碉房、庄房和碉的环境设计。村落由无数条巷道和次路构成路网，有些为直线，有些又是曲线和折线，连接着各家各户。村落道路宽度不大，主干道一般为 3～5m，次干道为 1m 左右，大部分为 0.8m，保证一个人带着小孩能顺利通过。这种传统村落常常是基于古老的年代或以官寨为主的羌族村落，譬如茂县的瓦寺土寨，又叫瓦寺土司村落，位于高山的山脊处，其海拔超过 2000m。官寨内一条主干道长约 300m，干道两侧建有村民的庄房。村中道路中段位置建有土司碉，楼高且规模大，石墙厚重，防御能力强。建筑为石、木材料，砌体结构。由于是官寨，其村落的环境设计稍显整齐，沿路两侧房屋的墙面有一些羌族的纹样装饰，它们源于瓦寺土司是藏族人的关系。这种情况在元、明时期的当地非常多，羌族头领管辖藏族村民，藏族头领管辖羌族村落。官寨的南面村头有一道南门，其门楣上刻有"薰南"两字，表示官寨的地位。整个村落的建筑两侧有无数条次干道，通向两侧的村民家，这些空间窄小，基本上是夯土路，植物在房屋山墙一侧，另一侧便是陡峭的山崖。当地村民对能用的偏角也想尽办法种植一些蔬菜和果树苗，解决家人的生活需要。瓦寺土司官寨的庄房屋顶同羌族其他地区不大一样，该建筑屋顶大部分是悬山式的造型，土司的碉、碉房都采用歇山式的屋顶，突出其地位高的汉族官式建筑特点（图 5.20）。在 2008 年汶川大地震中，这座有着悠久历史的古村落垮塌了，现只存有很小部分的庄房。土司的碉仅留下一面高大的木造的垂花门（图5.21）及门前的泰山石敢当。虽然现在已难见到村落当时的面貌，然而存留的小部分庄房室内环境仍依然可见，保留着羌族传统的布局，仅仅在部分家具上留有一些藏族的装饰纹样。

图5.20　羌族传统建筑上的汉族装饰　　　　图5.21　羌族传统建筑中的垂花门

　　以道路为主的羌族传统村落布局中产生了另一种空间特点，这在《中国羌族建筑》中有所论述："在道路交叉的中心往往呈现十字、三岔路口，四周的民居高耸又使它们成为封闭状态，如此出现一种天井似的道路枢纽空间，羌民视其为防御的聚散空间，也视为展示建筑文化的优美场所。"[3]这种空间起初并不一定被视为主轴的景观中心，而是在后来羌族人民不断地扩建、增建和改造过程形成的小环境中心（图5.22），多了一些过街楼和悬挑较大的阳台、阁楼。它们在夏天白天遮阳，雨天遮雨，冬天又有阻挡巷道风的功能。同时，这些构筑物也是羌族人增加室内面积、多一些居住功能的体现，是一举多得的营造手段。羌族过街楼在用地面积少、人口数量多、建筑密度高的传统村落中有许多节地的优点，无论是河谷型村落、半山型村落，还是高山型村落都能见到，证实了它的可持续性。但是它们的位置不一定都在村落中心，只在重要的建筑上和环境场所才能有其中心性，譬如理县的桃坪羌寨、茂县的纳普村落就是这样的表现。这些村落规模大，充分地适应了当地的微气候，夏天不热，非常适合村民户外活动，然而由于建筑密集，村落大部分巷道窄而高，空间高宽比值大（图5.23），造成部分房屋得不到足够的太阳辐射直射，致使巷道两侧的室内有些寒冷。建筑墙体由石块砌筑，墙体厚，带来室内环境的不舒适感受。当然当地的羌族村民也有改造的办法，那就是整个冬天保证堂屋内火塘的"万年火"不熄灭，以它的热辐射传导给室内空气，从而传递给人，达到热舒适的目的。

图 5.22　村落中天井似的道路枢纽空间　　　　图 5.23　羌族大部分巷道
　　　　　　　　　　　　　　　　　　　　　　　　　　　　具有窄而高的特点

三、羌族传统建筑室内环境的界域

因羌族传统村落类型不同，羌族传统建筑室内环境设计的布局也不同，这里大致分成两种布局：一种是岷江上游、杂谷脑河、黑水河等流域的建筑室内环境设计布局。因它们位于高山峡谷地带，地势条件和气候环境相近，建筑材料和结构、建筑形式相似，所以归为一种。另一种是丘陵地带的羌族传统村落建筑室内环境设计布局。这一布局源于低海拔，地势条件较好，坡度平缓，气候温和多雨，建筑材料和结构、建筑形式与高山地区不同，因此单独归为一种。主要是绵阳地区的北川、平武的羌族村落，多为干栏式房屋的平面布局。

（一）高山峡谷的传统建筑室内平面布局

高山峡谷的建筑，其室内平面布局包括碉平面布局、碉房平面布局、庄房（邛笼）平面布局。碉作为羌族传统村落的标志性建筑，其功能来自它具有较好的防御和保温、增加实用面积的作用，并兼有位置高、供奉白石的"天宫"信仰，被建造得坚固而高耸。其平面布局并不复杂，一般有 3～6 层，多则达到 13 层以上。每一层平面的楼板均有洞口，用于羌族人上下楼，是室内的垂直连接通道，方便家人上下通行（图 5.24）。底层光线暗淡，只有门洞采光，室内放置一些劳动用的生产工具，在门对面有一个上二层的独木楼梯。当人登上二层之后，便有火塘和休息的地方，楼板上面堆放着一些杂物，如衣服、家具和粮食柜。三层地板一般会铺置粮食和摆放上屋顶的木楼梯。从二层以上，墙四周均有斗窗，平日里它们起到采光照明的作用，战争时又成为放枪射击的洞口（图 5.25）。羌族传统碉平面布局无论楼层多少，它们的功能布局均是底层放置东西，中间层住人，次顶层贮藏粮食，堆放一些材料，顶层会放置武器或空着。

图 5.24　建筑中的垂直连接通道　　　　图 5.25　墙四周均有的斗窗

　　碉房是由碉和庄房组合而成的特色羌族住宅。它既具有碉的防御和保护作用，又有庄房的居住功能（图 5.26、图 5.27）。碉的结构、材料、空间与庄房是结合在一起营造的，是羌族人特有的建筑。战乱时，有碉房的羌族人不用躲避在公共的碉里，只需要藏在自家的碉中。碉与庄房结合有两种形式：一种是碉在庄房一侧，用过道连接；另一种是碉的一部分位于庄房内，碉的墙体一部分被取消，仅仅露在庄房外的碉保持其坚固的墙体与高耸的形状，据说这样的建筑形式已有"400 年左右"的历史。《四川新地志》记载："富贵者且多于房角，特建高碉"[73]，描述的正是这种民居。这种民居一般由庄房二层和碉的三至五层构成，碉的位置较随意，常建在山墙一侧，或房屋中心偏西北、东北方向。碉房的碉一、二层不放置东西，三层以上储存粮食或摆放盛粮食的柜子（图 5.28）。这样做在防止被盗的同时保证粮食通风较好，能接收到阳光，不易受到底层湿气而产生病菌，导致食物变坏。

　　庄房的平面布局比碉丰富一些，一层圈养家禽，通常少隔墙，四周都是厚重的石墙，室内少有光线，只有个别建筑会在墙上开凿一两个小孔来通气采光。二层布局同其他庄房一样，东南面为堂屋，空间大，西北面布置卧室和辅助房间。堂屋正中央立1~4 根木柱，西南或西北角放置角角神，二者成一条对角线。在这条对角线上，羌族人布置了最重要的设施——火塘，火塘四周摆放着 4 条长凳。有些家庭为了做饭方便，又在火塘的一侧请工匠用石块砌筑单独做饭的土灶（图 5.29），使堂屋内的功能增强，具有集会的客厅和厨房的功能，两者统一。堂屋内靠窗的位置常摆有一张餐桌和一两件木柜。二层之上便是屋顶，由独木楼梯连接。"碉房"这个词在明代早已出现，

《四夷风俗记》记载："维州（今汶川县威州镇）诸番，日务射猎，夜宿碉房。"[2]。

图 5.26 具有居住和防御功能的碉房

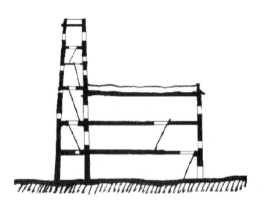

图 5.27 碉房内部的空间结构关系

图 5.28 羌族地区储存粮食的柜子

图 5.29 位于火塘旁用石块
砌筑的土灶

　　《后汉书·南蛮西南夷列传》曰："冉駹人，依山居上，累石为室，高者至十余丈，曰：邛笼。"[3]邛笼就是过去羌族人民世代居住的石砌住房。后来《天下郡国利病书》又说："高二三丈者谓之鸡笼；十余丈者谓之碉。"[74]这里的"鸡笼"实际上就是过去的"邛笼"，发音不同，意思却是一样的。但从唐宋至明清，史书已将羌族邛笼与碉的称谓截然分开，石砌的房屋不再统一称为"邛笼"。邛笼的型制与碉类似，砌筑和营造方法基本相同，所以过去统称两者为邛笼或碉，但是依据特征可区分出它们的高度、面积、功能。邛笼在羌语里称"窝遮",羌族人则把它称为"庄房"。庄房一般为2～5层,相比碉房的庄房要高1～3层,庄房的高度约为10m。庄房底层仍然圈养家畜和堆放柴火,二层住人,屋内设有锅庄,又名灶[75],或称火塘(图5.30),是家庭对外的公共空间。如碉房中住宅部分的堂屋,空间面积大,其两侧或北面设有多间卧室。三层堆放食物和晾挂腊肉,其面积小,在锅庄上空的部分镂空,便于炊烟从此处升入三层熏、烘肉质食物。四层一般储藏粮食和平日家用的衣服。五层是晒台和偏房,用于常年晒粮食和衣服,同时该层还是白石神的供奉场所。庄房的墙体较厚,门窗的大小、位置如同碉房一般(图5.31)。

图5.30 羌族火塘

图5.31 墙体较厚的羌族庄房

(二)丘陵地区的传统建筑室内平面布局

传统阪屋建筑位于海拔较低的羌族地区,如绵阳市的北川羌族自治县和平武河谷或地势低的地方。这种传统村落的建筑平面布局与其他地区羌族住宅不大一样,它们大多为二层,个别的有三层,往往是在高山与河谷或平地接合处(图5.32)。第三层一般为阁楼,用于堆放粮食,一、二层平面布局与两层的住宅相似。这种建筑采用穿斗式和框架式结合,大部分是穿斗式结构,用通柱支撑起悬山顶,结合斜坡,底层木柱长短不一,落于石础上,形成圈养家禽的空间,面积在50m² 左右,周围用1m左右高的木栏杆和石栏板围合,是半隔断空间形式,通风和光照好,所以在调研的一部分村落中,能见到许多村民养殖了大量的鸭子、鸡、羊和猪。二层平面住人,同室外地势一样平齐,部分也会高于室外,当地采用三步台阶衔接。

二层平面分为客厅(图5.33),约20m²,堂屋和多间卧室、厨房各为10m² 左右,远离主房的茅厕(4m²),常置于西北角,并与主房分离开来,单独修建。这种方式与岷江流域上游的各种村落类型的房屋平面不同,它们和主房连成一体,但是用石墙隔开。二层主房平面宽敞,家具有桌子、椅子、火塘、柜子、火神、角角神等。除火塘(图5.34),其余家具设施均靠墙角和角边摆放,甚至出现了汉族民居建筑的对称布局形式。一张方桌的两侧对称放置椅子,它们背后墙上挂置神龛,上有"京师园"的神位。二层之上为阁楼（50m²），上面用木板做墙遮挡，也有不做遮挡的，其上放粮食，堆放不用的家具等杂物。

图 5.32　建于河谷或平地的羌族阪屋　　　图 5.33　阪屋中的堂屋（客厅）

图 5.34　羌族阪屋中的火塘

在不同气候条件影响下，以上则是横向的羌族传统村落各种建筑平面和空间布局的模式，它们虽各有不同，但陈设和家具基本是统一的。譬如锅庄（火塘）、角角神、木柱等，其他平面内容则因羌族所在的气候和地域条件而不同。

四、羌族传统村落环境竖向的界域分析

羌族传统村落环境设计的竖向是指村落正立面投影的界面与边界线。它类似于剪影的图形，也是"图底关系"的表现。对正立面图形和边界线的确定，能够清楚地反映出传统村落建筑与环境元素重叠组合成实体的图块，并与穿透的空间形成强烈的前景与背景及气候关系，反映村落的通风、环境热辐射的情况，村落中的主次关系、功能布局，这些组织形成的图形便是竖向范围。羌族传统村落环境设计营造较注重气候

适应性，村落的各座建筑尽量按血源关系布局，在立面上表现出组团的形状，十分明显。下面从图底关系的村落界面与竖向范围分析羌族传统村落环境设计的营造。

（一）羌族传统村落环境的界域

羌族传统村落环境设计的竖向，其范围来源于村落实体界面大小，在"图底关系"的表现上呈现点、线、面的效果。它们的组合是羌族基于气候环境、地形条件、使用要求和经济情况而决定的，并不是如今天去考虑许多的图底原理和整体的形式。从目前笔者查阅的资料了解到，至少现在的各种史料和书籍还没有出现因"形式"而营造村落的记载，以及从羌族营造口诀中也很少听到这样的声音，更没有这方面的说法。故而羌族传统村落环境设计的竖向范围及其形式，应该是通过实用性和环境适应性考虑的，羌族先人在历史中持续建设出来的自然形成的一种面貌（图5.35）。

羌族传统村落环境营造的各个建筑立面与透视中的多面在"图底关系"作用下，形成了一块块统一的界面。界面与界面之间又在通透的背景上和山体、植物、岩石、河水等融为一体，衬托着前景的点、线、面等图形。界面的长、宽一目了然，其中透空的窗洞为 0.3m×0.3m，门洞一般在 1.8m×0.6m，还有阳台等建筑构件，它们都能详细地呈现出尺度大小，并且能展现村落中建筑之间的疏密和主次关系（图5.36）。在"图底关系"上往往面积大的色块表现出房屋多、建筑布置拥挤的特点，相反，面积小的色块体现的是房屋少、非常松散和孤立的情况。图底上线条表示村落的碉及其高度，如果这种线多，说明碉也多，反映该村落气候条件好、地理环境优越、过去战乱繁多的特点。譬如理县的木卡村，村落中碉多，又位于河谷，是过去羌族聚居较大的村寨，在清代和中华民国时期这里的村民经常被外来的盗匪所侵扰，其目的是抢夺村民的粮食和钱物，因此村落的内外都修有不同作用的碉。它们高低不同，在竖向的环境中呈现非常高挑的艺术形式。

图5.35　与自然环境协调的
羌族传统村落景象

图5.36　自然呈现的村落中建筑
之间的疏密和主次关系

当然村落竖向的密集、松散的程度以及高低范围进一步反映了各个羌族传统村落适应气候的做法。色块面积大的区域反映高密度的建筑群、众多的巷道（图 5.37）、建筑间较强的环境热辐射；色块小并呈现点状的区域反映该地区受到的环境辐射弱、湿度大，需考虑建筑环境要接收足够多的太阳辐射直射，保证建筑室内环境的空气温度。在寒冷的高原高山地区，保温是羌族人民非常重视的气候要求，比如"万年火"[3]就是这样的体现。火塘的木柴燃烧让室内空间一直有 10℃ 以上的温度，无论是冬天还是春天，这种温度让羌族人民生活安全、舒适。从羌族传统村落环境设计的竖向范围构成的"图底关系"看，较高的建筑之间沿山的等高线层层建设，建筑相互间的东面和南面都会高出宅前的建筑，保证在高密度的建筑组团和区域中各自都能够接收到充足的阳光，并且部分墙体还能保持被遮掩的效果。这是冬天接收阳光、夏天防晒的做法。冬天的太阳角度高，能够在一定时间内照射到西面、东面、南面的整个墙体，给予室内外环境更多的热量。建筑环境的石材具有蓄热性能，到了晚上，它能传递给室内外弱环境，让环境的空气温度升高，到了夏天，太阳角度低，强烈的太阳光只能射在墙体的一部分，从而减小了整面墙和环境辐射的热。阴影下巷道底部的温度低于上部（图 5.38），由于冷热气压的关系会形成局部的快速气流，在两种因素作用下导致夏天室内外环境气温低于烈日下，更低于海拔低的北川地区羌族人居环境气候。

图 5.37　羌族传统村落众多的巷道　　　　图 5.38　巷道中的阳光

总体来看，羌族传统村落环境设计竖向范围较宽，这源于它特有的地形。如果从"图底关系"的高度和宽度分析，在判断该村落微气候环境情况时，通过村落比较，能发现图形之间距离越宽的传统村落，微气候的空气温度越高，由此建筑室内环境和室外环境需要做防晒、防热和引风的措施。相反，图形越高表示村落所处的气候环境越冷，村民需要扩宽建筑之间的距离，然后高低错落修建房屋，尽可能让它们多受到阳光的直射，保证村落的环境辐射温度，做到保温、阻风，延长日照。而从高宽比值来看，它们呈现出正比的结果。传统村落界面上出现众多孔洞是反映建筑环境的功能作用，如在高碉上表示它们的军事作用。村落竖向图面上孔洞多，表示该建筑群或组团需要有较高的引风，同时，室外环境不能有阻隔风向的建筑和设施，要保持笔直的风道，才能使各个室内空间引入更多的自然风，让室内环境的热量被风带走，使空间更加舒适。

羌族传统村落环境设计营造的竖向范围，根据村落界面及类型的不同，一般在30～200m。从笔者多年调研和测绘的结果来看，海拔越高的羌族高山型村落和河谷型村落，其界面图形高宽比值越小，一般在0.1～10的范围；海拔越高的半山型村落与低海拔的丘陵型村落，其界面图形的高宽比值就越大，比值范围在1～10。这些比值范围充分反映了羌族传统村落环境设计的适应气候和营造规律的特点。

（二）羌族传统村落环境的边界线

"图底关系"讲究边界线的位置和来龙去脉，长宽比、周长等，它和界面一起构成羌族传统村落环境设计的竖向范围。竖向对羌族传统村落环境设计而言，具有特殊性。首先，羌族村落大部分在半山与高山位置，整个村落图形的高度较大，能达到100m左右，对古时候的村落而言，单座建筑是绝对不可能的，所以羌族民居通过建立在有坡度和阶梯的高山上或台地上实现这一景象。目前我国古代最高的单座建筑也只有88m，它是唐朝的"明堂天堂"，高约97m。作为传统村落建筑，只有依赖地形的高才能体现雄伟的气势。

按照传统村落环境竖向的"图底关系"，将建筑横向边缘线与纵向边缘线连接起来，便勾勒出一个多边形或异型（图5.39）。这个图形包括村落中的建筑、环境元素、道路、植物等内容，而图形之外多余的空间被排除，剩下的是一个有色块的图形，再将图形内的大部分色块去掉，剩下图形边缘，这一条密闭的轮廓就是羌族传统村落环境设计的边界线。边界线是由不同环境元素的边缘叠合而成的（图5.40），即村落环境周长。它只具有整体村落的边界意义，而无单个元素的边界作用。从整个村落边界线挑选出的建筑外轮廓组成的图形，意味着是建筑的墙体，有可能是一面，也有可能是多面，甚至可以认为是建筑墙体的展开面。根据场所微气候中建筑体形——墙的面积大小，能决定建筑室内气温的高低，从而知道羌族传统村落环境边界线的周长越长，其消耗的能源就越多，保温、节能、节材、节地就越差的原理；相反，村落边界线周长越短，其耗能越低，越保温，当然这与边界线转折的多少和复杂程度有一些关系。从形式美的角度看，轮廓线变化越多，其韵律感越丰富，可能会与节能方面有抵触，事实并非如此。形式美先要求事物有变化，但又要有统一，还要有和谐、适度，之后和谐与适度再统一，这已经从比例上限定了高度变化并非无度，而是有节制的。因此当人们看到美的艺术形式时，实际上已经被有度的比例所限制了。譬如图形的黄金分割比 1∶0.618，正是这样的体现。

图 5.39　传统村落勾勒出的多边形图形　　　**图 5.40　环境元素边缘叠合成的边界线**

　　下面分析羌族传统村落环境设计边界线周长的度。首先，需要考虑图形的高与宽之比，是否符合黄金分割比或更小的度量值。因为由前面章节分析得知，对寒冷地区，尽量让南向或东南向建筑的墙面积增大，而西、北两面墙的面积减小，使南面、东面墙多数都能受到阳光直射。西北两面墙少接触西北风导致室内热气递减，这对单栋建筑而言是科学、合理的，但对密集的建筑群，这种原理就不一定适用了。因为密度大的建筑群，建筑之间的西、北墙面被遮挡，所以既使出现西、北同南、东墙面一样的大小，也能让室内温度较少递减。但对村落边界线上的建筑墙体就不同了，它们完全需要重点考虑建筑西墙与南墙的面积之比，这样才会产生节能，室内环境才能有舒适性。

　　其次，这种高宽比轮廓线的比例（图 5.8），反映羌族传统建筑阳面的情况。无论高和宽比值是多少，建筑的东墙面和南墙面都能在白天受到太阳直射，获得辐射热的平均温度，进而建筑与建筑之间、建筑与巷道之间、建筑与坝子之间，以及建筑与植物之间都能直接得到太阳辐射，让太阳平均辐射温度保证各个场所空间都有一定的热，最热时，每天平均气温在 26℃。夏天这种辐射热超过村民活动的适应范畴，通过测量在 30℃ 左右（表 5.3），而冬天这种气候非常适合村民的需求，平均室内温度为 18℃。于是在羌族传统村落环境设计营造中，村落竖向的"图底关系"轮廓线出现比值越大，说明该村落环境场所接收的热越多，比值越小，反映村落场所环境直接得到太阳的热越少，从而体现出村落的地形的陡峭程度。当然，这也必须分析村落内各个空间的通风及其高宽比的情况。然而从建筑受阳面积的情况看，其大小和高宽比同主要界面的高宽比一样，也是决定村落室内外环境气候的要素之一。

表 5.3　被调研的羌族代表性传统村落室外气温统计

村落	室外温度（℃）	村落	室外温度（℃）	村落	室外温度（℃）
码头村	36.4	牟托村	26	铠江村	29
羌锋村	30	坪头村	27	四瓦村	27
布瓦村	21	白溪村	25	牛尾村	23
涂禹山村	22.8	河西村	20.6	吉娜羌寨	25.6

注：实地测量各村落的平均温度数据，时间是 2019 年 7 月 4 日 8：00—13：00。

　　本章从羌族传统村落环境营造的范围揭示不同地势村落与建筑的界线范围等，进一步分析这些多样的传统村落在微气候和地貌的制约下形成各种"图底关系"，然后分别从多维度方向进行解析。具体从横向分析传统村落以碉为中心的布局和以官碉为中心的布局，其中包括道路、水系为轴线的布局范围和室内环境营造的布局范围。又以相同的方式分析竖向的羌族传统村落环境营造范围，从边界方向论述"图底关系"中的主景与背景层次及表现，以及在气候方面的作用。采用同样方式和维度对建筑室内的范围进行横向与竖向剖析，从而使羌族人居环境有了明确的界域，为村落的形态和建筑的形式呈现产生了较重要的支撑作用。

第六章　场所微气候影响的羌族传统
村落环境形式分析

调研测绘中，笔者对四川岷江流域和黑水河流域、杂谷脑河流域的羌族传统村落环境进行绘制，发现羌族传统村落环境形式十分多样，变化显著，不像平原地区和多数丘陵的传统村落那样具有规整的模式。羌族传统村落受地形、气候、战乱的制约，其形式也具备一些规律性，并且这些规律又与羌族传统村落环境的类型相联系，从而形成多种常见的羌族传统村落环境设计模式，可被归纳成两种类型：一是平面形式的准三角形、环形、方形、多边形、自由形；二是立面形式的三角形、方形、自由形等。这些形式在高原地区的藏族聚落中也有相同的模式。譬如四川省甘孜藏族自治州的丹巴县，属于青藏高原的高山区，平均海拔在 3000m，气候如同羌族地区，冬季长、夏季短，一年气候特点是冬冷夏凉，年平均降水量在 600mm 左右。该地区的地势和地形及藏寨建筑的形式都十分相似，因此两地民族的村落平面模式十分接近。

笔者在《四川甲居藏寨建筑的环境调查与对策分析》一文中简略分析了甲居藏寨的规模与建筑形式，并发掘出与羌族传统村落类似的形式，这些形式除了丹巴的甲居藏寨，还有同州道孚县的传统村落平面形式和立面形式。形式虽然相似，但羌族传统村落环境在气候和信仰等方面，形成了自己民族的鲜明特点。

四川西北的汶川、茂县、理县、黑水、松潘、平武和北川等县的羌族聚居生活村落，大多是高山河谷，海拔由西北向东南方向降低，地理上形成明显的倾斜形式，总体构成了竖向直角三角形的斜边。在这个斜边上，地势起伏高低不平，陡峭险峻，十分危险。自古以来，各地方的羌族人并没有被这些危险的地势所吓倒，他们努力地创造着居住环境，以适应气候顺应地形的理念及其做法，逐渐让各自生活的村落呈现出有机的几何平面形式，从而产生村落环境设计的地域性。

传统村落环境设计源于其所在的高山、半山、河谷和丘陵等类型，又因为海拔影响着村落环境的平面大小与发展方向。同时海拔的不同，气候条件中空气温度、湿度、风速、辐射强度也都不一样，导致羌族传统村落环境的平面形式主要有以下几种。

一、羌族传统村落环境具体的平面形式

羌族传统村落环境设计平面的形式较自由。在受气候环境影响下，传统村落选址成为羌族古人考虑的重点之一。为了防御掠夺和地方斗争，羌族人采取非常严实保守

的布局形式，通常选择地势险要的地方建造村寨，建筑单体往往呈自由分散布局形式。在这些自由的布局中，村落呈现单个建筑或2～3个建筑为一个组团，在行政范围上，它为村落的一个小组，有些建筑又在某一个地方并与村落有一段距离，由此产生了多种村落平面形式，而且这些形式也不同于其他民族的布局。譬如茂县黑虎寨的刘姓村民，他家恰恰就在村寨的西南角，与村落的主建筑群距离300m左右（图6.1）。邻近的藏族高山地区村落，其建筑往往紧密，之间距离较近，甚至有极强的团状和向心状的形式感。丹巴县甲居藏族村寨就是这种形式的反映（图6.2）。根据笔者调研和测绘的羌族传统村落环境平面形式图，总体认为，其多变的平面形式可以概括成聚集力强、建筑密度大的块状、线状和三角形状的形式（图6.3）。

图6.1 自由分散布局的羌族建筑

图6.2 丹巴县甲居藏族村寨的布局

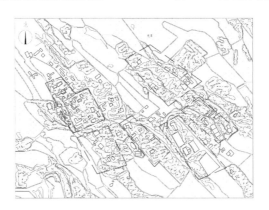
图6.3 羌族传统村落环境呈现块状形式

（一）块状

块状是指羌族传统村落环境的各个环境元素，紧密又连续地沿着统一的朝向成团成块，沿高山、河谷、半山和丘陵地形布局的一种形状。这种形状的路网呈现主次有别、宽窄有度的形式，类似树枝图形（图6.4），有形似树干的主路，也有形似树枝的户路，甚至有分枝的小路等。各种道路功能清晰，它们既可平面布局，也可斜向、折向、弯曲布局，体现受地势、地形的制约而形成的道路形式。构成村落的组团可以是密集的，也可以是疏松的，还可以是疏密结合的。从总体来看，羌族传统村落平面形式呈现的是团状的，使传统村落平面块状又形成更细微的方形、多边形和环状的形式。

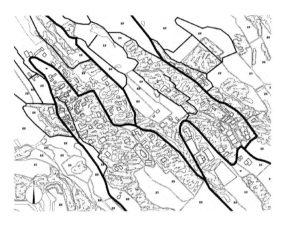

图 6.4　村落环境的路网呈现树枝图形

1. 方形

羌族传统村落环境设计的平面中，有些近似方形。在各种村落环境类型中建筑与相应环境元素等几乎统一朝向，一致的排列位置，构成平面的四边长度接近的村落形式。它包括正方形、长方形。在不受地势高低影响下，以建筑和村落平面之间形成"图底关系"，成为羌族传统村落的平面形式。譬如理县的桃坪羌寨，其村落的平面形式就近似块状的方形。郭竹铺寨平面为长方形的形式（图 6.5），这种形式的村落环境一般位于地形条件较好的地方，该地区无沟壑，有较好的台地，地势平缓，常常反映出村落环境修建时间早、规模大、历史长的特点。如桃坪羌寨，修建已有2000 年的历史，其村落人口多，户数达到百户之余。村落建筑沿阶地层层建造，组团与组团之间以户路分开和连接。它们之间距离近，形成密集的块状。室外环境元素插入各个巷道和坝子、道路空间中，十分紧凑，自然构成近似方形的平面形状。

郭竹铺寨平面较桃坪村寨更加近似方形布局，然而郭竹铺寨因沿村旁的河沟和主路修建，村落环境整体成长方形，建筑排列较桃坪羌寨整齐，构成的组团规模较匀称，韵律感也要强一些。只是在整个村落规模上，它不及桃坪羌寨大。郭竹铺寨的建造时间也较长，距今 1000 年左右（图 6.5），室外环境以水沟为主，水网均布置在村落每户门前，并与主干道、户路平行，十分整齐。村寨的中央部位至今还保存着一座牌坊，是汉族地区常见的形式，双柱顶上横搭接梁和石板额枋，柱下底座安置鼓座，一柱前后两侧各 1 个，石碑坊高 4m，宽 2m 左右，这种景观在羌族其他地区极少见到，是少有的羌族传统村落环境设计的特色元素。整个牌坊全用石材搭建，在石庄房的簇拥下，看上去十分庄严（图 6.6），但也非常协调。郭竹铺寨的竖向高低不平，错落有致，各树木在村落建筑环境点缀，非常自然，在夏天茂密的古树会给其下的建筑

127

和巷道遮阳避雨，大大降低了该环境的温度，达到凉爽的作用，为在此处的村民留下舒适的环境空间。

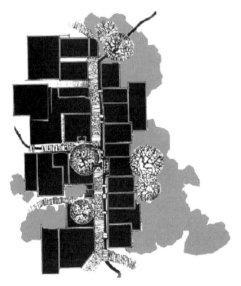

图 6.5　长方形的郭竹铺寨平面　　　　图 6.6　郭竹铺寨的石建牌坊

2. 多边形

羌族传统村落环境设计的多边形平面是指村落中各个环境元素的组合与布局，构成规则或不规则的多条边平面形式。这种形式不受村落环境地势高低的影响，依据平面形状而定，村落边界超过 4 条，包括梯形、五边形、六边形，甚至更多边的形式（图 6.7）。多边形平面的村落形式，一般都位于地形和地势特别复杂的场地，如半山型、高山型村落类型。村落中建筑布局疏密关系明确，组团层次清楚，是适应气候和顺应地形而产生的一种形式。

多边形村落的建筑朝向并非统一，有的房屋正面朝向东面，有的又是山墙朝向东面，它们组合在一起稍显自由。譬如理县杂谷脑河旁的老木卡村落就是这种平面形式（图 6.8）。村落里建筑组合成 6 个组团，疏密关系突出，村落位于半山的位置，其规模并不大，面积较小，有 30 户左右，建筑依地形从低到高修建，层层叠叠，户路、巷道穿梭于村落中。由于场地高低不平，为了获得更多阳光，羌族人都尽可能使住人的屋面向东，一些窄的房屋的山墙位置向阳面，形成与地势好、面积宽的建筑不一致的朝向情况，自然就出现不规整的直边形式，产生自由的五边形或六边形的平面形状。木卡村落环境主要由 3～5 块坝子融合在巷道和组团中，由石块铺装，平日这些地方是村里小孩玩耍的场所。冬暖夏凉，很有凝聚力，村落内少树和植物，它们大多栽植在村落边界的外围。因此，该村落环境显得干净和整洁。

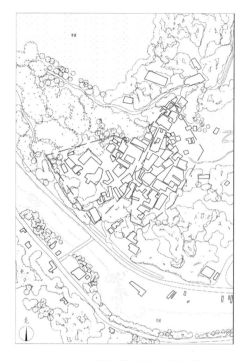

图 6.7　桃坪羌寨的多边形式　　　　图 6.8　老木卡村的多边形平面

（资料来源：季富政．中国羌族建筑［M］．

成都：西南交通大学出版社，2000.）

3. 环形

相对于前两种形式，羌族传统村落环境的环形平面形式较少。这主要是由地势条件和气候环境造成的，在高山险峻的地方，首先，村落场地受限，不可能有宽敞的地方供羌族人建设；其次，环形有中心性，不利于建筑朝向统一面南或面东，建筑室内得不到更多的阳光，村民生活在十分寒冷的环境中，难以保证他们的健康生活；再次，不利于接收夏季的主导风，部分房屋有气流经过，而部分房屋无风，影响室内外环境的气温，造成房屋背面闷热，而有些地方产生旋涡状的风样（图 6.9）。

在藏族地区环形的村落较多，原因是藏族人民生活在高原上，那里气压低，空气稀薄，能见度好，太阳辐射强度大，照射时间长，紫外线强，可见光足，因而地面上得到辐射的热更多，温度更高，风速又快，同羌族所在的高原高山地区的气候不一样。同时藏族人民信仰藏传佛教，村落建设的每一座房屋均朝向白塔，以距离佛物近为荣，由此藏族的传统村落环境以环形较多。譬如道孚的子龙村，人数 220 余人。村落位于鲜水河的平坝上，建筑沿中心玛尼堆[①]向外层层扩建，形成很有特点的向心型环状平面布局。而羌族的茂县子龙乡河心坝村（寨）是由两个单独环形的组团构成的一个村落（图 6.10）。该村落位于高山地区，海拔 3000m 左右。各个组团均由多座房

---

　　　① 玛尼堆是指我国藏族地区白色石头垒置的锥形石堆，又称作"朵帮"。通常白色石头上刻有佛像、六字真言和经文等。意味着曼陀罗，在藏族人民心中具有驱邪避灾的含意。

129

屋朝向一个中心。这两个中心均在山顶上，南面组团中心为一棵古树，树冠直径达到6m，覆盖其下的多座建筑，夏季起到较好的遮阳作用。该组团规模较大，约为13户，建筑呈中心状，北面组团规模小，建筑户数也少。该组团的中心是一座碉，大概有6户，呈分散的形状，尤其是中心以下三级阶地上出现的少量建筑的体形小，不断呈现向四周扩散的状态，这在羌族地区村落环境的布局上是十分少见的，具有一定的特点。

图 6.9　羌寨的环形平面形

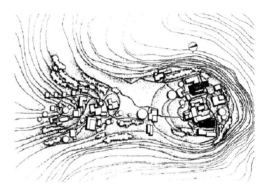

图 6.10　两个单独环形构成的村落形式

（资料来源：季富政.中国羌族建筑［M］.

成都：西南交通大学出版社，2000.）

羌族传统村落环境的环形平面形式，建筑自由地环绕在某一个环境元素或碉建设，规模都不大，呈现强烈的错位布局形式，与羌族其他两种平面形式比较，显得主动的规划观念不强，再与藏族的环形村落比较，更体现出其因地制宜、自然和朴实的营造观念。

（二）线状

羌族传统村落环境设计的线状是指过去营建及发展过程中，传统建筑由少量户数逐渐演变成多个户数，并形成大规模的聚落。这种生长趋向是一条线或多条线的方式，或者是直线、曲线、转折的折线，展现出强烈的线状、条状和带状发展形式。这种形状可以说是羌族传统村落及传统建筑主要运用的形式。羌族人民根据地形和地势以及当地微气候的影响，具体形成有直线形、折线形和曲线形等。下面对这些形式分别分析。

1. 直线形

传统村落平面形式的直线形是最普遍的，也是表现最多的，因为受太阳的光照和文化影响，人们希望整齐划一，经济地位相等，接收到更多的阳光，村落建筑都会向着南面或东面，从而在河谷、半山和高山地形上呈现一条直线方向的排列布局，而后出现较窄的呈带形、条形的直线形布局。直线型又称为条形或带形形式，无论哪种称谓，其意思和表现都是一样的（图 6.11）。茂县的鹰嘴崖寨，据说始建于唐代，较为古老，人数较少，大约十户人家。

该村落位于黑虎山鹰嘴崖上，属于高山型村落。村落沿山脊修建，呈直线，由南向北，面向阴面，整个村落环境与自然地势融合，无一处围栏界线，全由自然地势界定，场面十分壮观（图 6.12）。村落里碉较多，据说在过去整个山谷约有 200 座，由于历史上的战乱和近代两次大的地震（1933 年的叠溪地震和 2008 年的汶川地震），山上现在只剩下五六座碉。该村落被后人誉为"东方明珠建筑"与"建筑活化石"[3]，是羌族精湛技艺的完美展现。黑虎寨既使在村落用地稀缺的情况下，羌族人仍然空出一个场地作为族人聚集活动的坝子，面积为 40m² 左右，足见当地古人节约用地的生态理念。村中坝子呈圆形，用石铺筑，在北侧摆有祭祀神台，放置白石和图腾。现在坝子周围设有石凳、台阶和泥路。

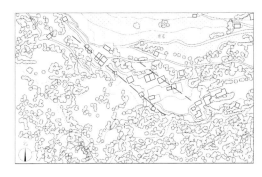 

图 6.11　直线形的村落环境　　　　图 6.12　壮观的黑虎寨村落环境

2. 折线形

折线是指弯折或转折的线。羌族传统村落环境呈现转折向另一个方向修建的平面形式，有弯折的意思。这种村落环境一般受地形环境影响。如半山阶地的羌族传统建筑沿着直线建造，却因地形转向 60°，则建筑也随之朝 60° 左右修建，从而形成弯折线形村落。茂县的危关寨和松潘县的双泉村就是这种形式的村落（图 6.13）。双泉村沿着双泉山的半山腰修建至山脉中心时，村落沿阶地向山坡内弯折建了多座庄房，从而连着中轴线以东的庄房，自然构成折线形村落平面形式。双泉村落内，人造环境较少，田地空间较多，在村口道路上有一块宽敞的坝子，现在已用混凝土浇筑，平日作为停车和村民体育活动的公共场所。河谷型的茂县白溪村落正是这种环境形式（图 6.14），村落沿山谷河坝向外转折 30° 左右，羌族人为了使阶地上的碉和庄房获得南向的更多阳光，建筑也向南弯折 30°，形成随地势而造的折线平面形式。

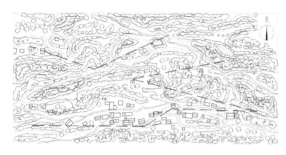

图 6.13　折线形的村落环境　　　　　　图 6.14　折线形的白溪村落

3. 曲线形

曲线形是指羌族传统村落环境平面在转折时不是沿锐角和钝角弯折，而是受当地气候与地形条件的限制，呈现曲线状的多次弯曲建造。这种村落平面形式较多，一般都在高山、半山、丘陵的村落类型中出现。譬如汶川县的羌锋寨正是曲线形平面形式（图 6.15）。其村落平面沿着河谷地呈两个曲度弯曲，构成自然的形式。羌锋寨规模较大，历史也长，其村落面朝南方和东南方，在这两个方向不远处便有一条弯曲的河流，它满足全寨村民平日的生活需要，也为村落的气候环境提供了较适宜的温度，并在夏季有降温的作用。

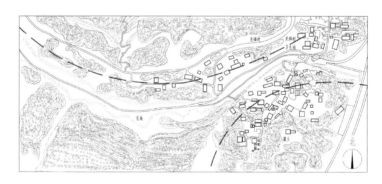

图 6.15　曲线形的羌锋寨平面形式

村落环境以巷道为主，呈现由南高向北低的方向延伸，因而村民有了上坡下山的行为，保证全村高低错落的环境立体形式。村民们活动的坝子设在村落中央位置，面积不大，约为 30m²，一部分是泥土面，另一部分是混凝土面，这一面是近年来村民铺装的。其北侧有一座新修的碉，高 11m 左右，据当地村民说这是现在为了发展旅游新建的碉，以前的碉早已在地震中垮塌。该碉的门已紧锁，楼旁边是古老的庄房。整体来看，羌锋寨其他环境元素较少，村落入口处有一座坝子，坝子东面有祭祀台，台子高 1.8m，分为 3 层，每一层都摆着白石，据分析应是羌族村民举办活动的主坝子（广场）。坝子周围有主道路和许多庄房。村落中最有特色的还是沿着曲线规划布局的平面形式，能让羌族传统村落的巷道既有规律又有层次，远看平面非常具有老村落进化的脉络关系。

（1）"C"字形

传统村落环境的"C"字平面形式，在羌族地区出现不多，因为"C"字形能突出集中向心的意思。羌族人民信仰的是泛神论，有对自然万物信奉的体现，因此，这种信仰本身就存在多而广的神灵，不像藏族有单一的宗教信仰，形成的是独一无二的信奉，由此表现出强烈的集中向心之意（图 6.16）。故而，在相似的高原高山地形和高原上两个民族营造的村落环境和建筑平面形式是完全不同的。同时，两个民族因海拔位置的不同，所处的小气候环境也不一样，羌族大部分生活在海拔 2000～3000m 的地方，而藏族主要生活在海拔 3000m 以上的地区，平均海拔都在 3500m 左右。羌族需要更多的日照和引风，而藏族则需要防晒和挡风。这些海拔、气候与宗教信仰的不同致使传统村落营建地平面形式差别明显，因此，羌族"C"字形平面形式少，藏族"C"字形平面多。"C"字形只有一个弯曲度，并且如环形一样具有向心性，它还包含似"E"字形的平面形式。这种形式出现极少，完全是因防晒和地形的需要而出现的，譬如理县的木卡寨便是如此（图 6.17）。

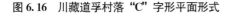

图 6.16　川藏道孚村落"C"字形平面形式　　　图 6.17　木卡寨聚落景象

茂县玉龙乡纳呼村是典型的"C"字形的羌族传统村落环境平面形式。村落处于海拔 1500m 的地方，属于半山型村落类型，庄房、碉房多，建筑密度大，房屋之间疏密有序。密集的地方巷道多，位于地势高的阶地上，并与松散的建筑之间由成块的农田分隔。户路与田埂连接在一起，成为村落最有特色的地景，同时与道路平行的沟渠中水从山上经房屋两侧流入田地，水沟在田埂与道路交接处，往往设有闸水板分流入田，具有农村的自然生产景象。该村落较好的位置面朝开阔的河谷，那里阳光充足，是温度最合适的地方。因此，这块地方自然成了广场，据当地人说："这以前是块土面坝子，地震前刚修好的，之前这里人很多"。足见高地上因气候原因，室外环境设计的内容和元素较阶地下的村落多，阶地上也有部分房屋因地势低，又有树林遮掩，阳光辐射较少，房屋数量相应也少，从而出现松散的自由布局的环境形式。

（2）"Y"字形

羌族传统村落环境设计和营造的"Y"字平面形式，是由折线形平面延伸出来的一种独特形式。该平面形式并不十分规整，房屋有些交错，但从整个建筑布局的样式看，都似"Y"字形。譬如茂县的龙溪乡龙溪村（图 6.18）的平面形式，就由建筑沿阶地延伸修建，在阶地转角处形成两个分支而构成"Y"字形。该村落规模大，户数多，村落位于半山，沿西南与东北方向布局，当地羌族人为了获得阳光和开阔的视域，村落选址的西南河谷无高山遮挡，有较好的朝向。村落由高低错落的建筑构成，保证每户都不会被遮挡。建筑前有院子，宅后有果园，蜿蜒的道路弯弯曲曲地连接着每座建筑。

村落内有几块坝子，北面的一块面积较大，应是满足"Y"字形最下部分的村民活动之用的。坝子呈长方形，位于一块平整的阶地上，泥土地面，周围有庄房，上部分支的建筑受地形制约，朝南的分支建筑组团少一些，布局有些松散，周围自然环境融入建筑中合为一体。部分地势低一些，而另一分支向东南方向延展和山势转角处相呼应，其地势高一些。因此，这部分组团较大，户数也多，足有 20 余户，其中有 2 个坝子，一个位于南向，宽窄小于北向；另一个邻近阶地最高位向东，面积小，大约 15m²，却大于东向坝子，又比其他两个坝子都开敞，地势也要低许多。在靠近村口的位置，这 3 个坝子均与村落主干道连接，分别又位于 3 条"Y"字形线上，具有很强的点缀字形的作用。该院落的一个特色就是有一条穿过村落东面的石筑水槽，这是近代村人建造的农业工程，是将水分置到其他山坡用于农田灌溉的形式。

图 6.18　龙溪村"Y"字形平面形式

（三）三角状

由 3 块大小不同的村组构成的村落呈三角状。这些村组其实是由各个建筑群构成的组团，分成 3 个地块，每个地块都有完整的村寨形式和功能，但是数量和规模很小，一般在 2～5 户，每个村组之间有一定的距离，相互不连接。单个村组可以被看作点状，然而这个点状却不是行政意义的独立村落，它要和其他 2～3 个或更多的村组一起构成村落。由 3 个点状组成的村落被称为三角状的村落（图 6.19）。三角状有两种倾向性的形式，一种是聚集向心性的三角状，另一种是非向心性的三角状，呈现自由的村落布局形式。

图 6.19 河西村三角状的平面形式

1. 向心性三角状

向心性意味着四周事物向中心集中，表现在三角状村落的平面上，通常是 3 个方向的环境元素不约而同地向中心的某一个元素汇集，这种形式就是向心性三角状。在羌族传统村落环境营造中，这种平面形式一般存于官寨中，普通村寨较少有这种向心性三角状。譬如茂县王泰昌官寨（河西村）村落由 4 个村组构成，分别是最北向的张氏寨，最南向的陈氏寨，以及东侧的张氏和陈氏混居的寨。3 个村组的规模相当，组团大小也相似，均为五六户。3 个村组形成三角状，地势由西向东往山下延伸，呈阶梯状，3 个村组围绕的中心靠西南建有规模较大的一个中心寨，这就是王泰昌官寨，它是三角状的核心（图 5.15）。

王泰昌官寨的建筑体量大，层数多，修建时间久，其碉有 5 座，足见过去其官寨主人的地位和经济条件之高。在调研中，听当地的村民说，该建筑先修的是主室，而后围绕主室的右侧建了卧室和相关房屋。它们修建的时间都不一致，大约用了 50 年整体才算建好（图 6.20）。村寨各个村组环境较简单，三个角上的官寨建筑室内外环境比较讲究，官碉东面有庭院和坝子，均用石块铺装，并由巷道和户路连接其他 3 个村组，都是石块铺地。官寨的水沟多为暗沟并用石板盖住，显得整洁。当然在官寨外侧还是自然形成的泥土明沟，保证高山上的水流畅通。

图 6.20　王泰昌碉房

2. 非向心性三角状

三角状的传统村落环境布局只有 3 个村组，这种羌族传统村落被称为非向心三角形平面形式。该传统村落环境的营造做法和布局形式基本一致，仅仅是无中心的村寨给予的凝聚力。3 个村组的规模不一样，有的规模较大，组团多，户数多；有的规模较小，组团少，户数也少。规模大的村组被称作块状，规模小的村组被称作点状。由于村寨的防御和战斗的需要，它们形成了三足协作和相互保护的平面形式。这种村落环境设计较有特色，块状的村寨中，建筑外部环境较重视公共场所，既有坝子、巷道、水沟、祭祀台、白石，又有宅院和果园。

村寨平面形式往往呈方形、扇形、梯形，规模小，呈点状的村组，其环境显得简单，只有道路、植物、水沟，没有其他环境元素，保持着自然的内容。譬如，茂县半山阶地上由北向南，呈下坡的地势趋向，东角上有规模较大的纳普寨，呈块状，住户多。村寨内道路连接各个建筑，非常规整。环境设计的巷道成为主体，青石板铺路，在转折的巷道处，适当加宽道路便成为较宽敞的坝子，村民可在此活动。巷道上面是住户自己搭建的过街楼，增加了夏天遮阳的作用，并且经过巷道的气流会在此加快速度，进一步降低局部的空气温度，起到凉快的效果。因此，这个既有坝子，旁边又有遮阳的空间，成为羌族村落中主要的室外环境交流场所。西角落的亚米笃寨，规模小，仅有两三户。村寨环境简单，南角的下寨地势较东、西角低，规模相对亚米笃寨大一些，平面形式呈直线形，但总体户数不多，因此，村寨环境也较简单，只有石铺装的道路和植物成为景观。3 个村组由弯曲的村落紧紧地联系在一起（图 6.21），构成非向心性三角状。

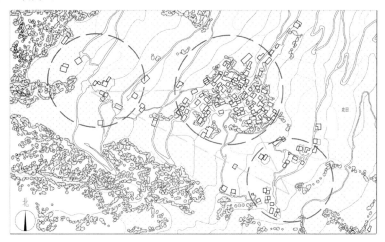

图 6.21　纳普寨＋亚米笃寨＋下寨组成的非向心性三角形平面

二、羌族传统村落环境具体的立面形式

羌族传统村落整体环境立面形式受地形条件影响较大，呈高低变化，各立面采用多样的造型，而这些造型又源于各个环境元素的立面，在一定组合下构成特有的，又区别于其他民族地区的村落环境立面形式。羌族传统村落环境的立面形式被分为两大块：一块是村落环境整体立面形式，包括朝阳面的正立面形式和统一的山墙立面形式，其他两面虽与正立面和侧立面略有不同，然而主体的天际线几乎相似；另一块是传统村落的各个环境元素的立面形式，包含内容有各个环境元素的立面形式、侧立面形式和背立面形式。下面将对这两块内容进行分析。

正立面形式是指羌族传统村落环境界线内的环境元素构成朝阳的正投影形式，包括建筑主体立面、空间、植物、山水、土石、设施、道路等内容。它们凸显于正立面，被人看到，或说正投影于立面。由前后重置、漏空，形成内部肌理与展现各个元素的形状及其上面的构件、装饰、洞口、凹凸等形貌（图 6.22）。传统村落环境侧立

图 6.22　羌族传统村落环境

面是指建筑山墙或侧墙构成的正投影立面形式，是传统村落适应气候并结合地形体现匠人技艺的立面，这些侧面因不同地形，构成不同的侧立面造型（图6.23），进而又形成村落环境竖向的组合形式，具有较强的羌族特色（图6.24）。可以说村落环境正、侧立面形式是人居环境设计营造的重要内容，也是除平面形式外能反映人居环境适应气候、创造舒适的重要载体。

羌族地区村落环境的立面形式千变万化，通过整合归纳，羌族人在阶地宽窄不一的地面上，以环境元素呈方台和梯形的立面形式，它是传统村落立面最小的单元"⅂"。从众多村落环境类型看，可以将它们分成三种，分别是顺地势方向的四边形、集中性的三角形以及自由多边形。在丘陵地区有部分沿河岸修建的传统村落，其环境元素零散，大多两三栋房子就是一个村子或村组，村子建筑之间距离较远，一两栋在山下，个别房子在山上，这些建筑高度较低，为2层，均高5m左右，因此无法以这3种立面形式体现，只能将它们归入自由多边形在环境元素中一起分析。传统村落的立面形式在本节依据建筑高低进行划分。

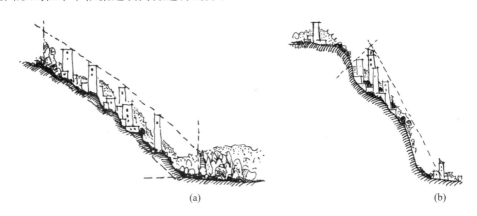

(a)   (b)

图6.23　羌族传统村落环境多样的侧立面形式

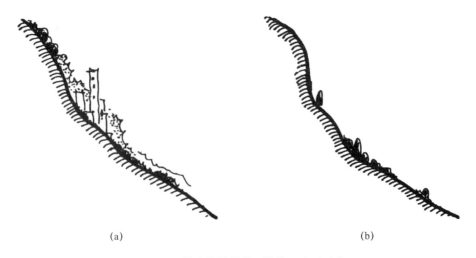

(a)   (b)

图6.24　羌族传统村落环境的正立面形式

（一）沿阶地营造的四边形

这种传统村落环境立面形式是在羌族高山型村落类型、半山型村落类型、河谷型村落类型和丘陵村落类型中均有的一种立面形式。村落沿着阶地，从高到低依次修建房屋、广场、坝子、户路和沟渠，以及在屋前后种植果树等，形成村落的立面形式（图 6.25）。建筑与较高环境设施——碉之间形成组群，由空间的巷道或道路、广场连接，其宽度往往视地形而定，在 0.8～1.0m，每组团间均有这样的部分，它们与空间元素构成村落环境。

图 6.25　羌族牛尾村的立面形式

村落整体立面与阶地的高矮保持一致，并沿阶地凸点从村头到村尾连线，与村落环境元素最高点由村头到村尾连线对照，两条线具有平行的趋势，这被称为沿阶地均匀构成的四边形立面形式（图 6.26）。该立面形式起伏受地形限制，各个环境元素有序布局，较好地起到适应气候的作用，各个空间和建筑都能接收到阳光，相互不遮挡，这使村落环境的空气温度有所提高，而相对湿度有所降低，为村民提供一定热舒适的环境。对室内环境更是需要获得太阳辐射的直射，接收更多的太阳热能，当然这种热能相对室外还是十分稀少，归根结底，主要是因为羌族传统建筑墙面上窗口小且数量少。同时每个窗口又有许多木框架遮挡，直接进入室内空间的光照也少，最终降低了室内得热的情况。村落立面形式的环境元素（建筑）一般作为村落的最高点，从头至尾均一致，各个较低的建筑又有相应规律，大多是一组低矮的碉房或庄房中建有碉，若干这样的组合构成羌族村落沿阶地营造的均匀四边形形式。有的村落环境中碉极少，甚至没有，那么村落环境的碉房、庄房与其他环境元素相应沿阶地而建，同样具有这种立面形式。该形式的村落环境具有规模大、人数多、较普遍的特点。

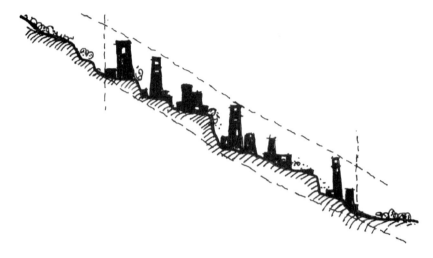

图 6.26　羌族传统村落环境沿阶地均匀的四边形立面形式

　　茂县黑虎乡黑虎寨鹰嘴河村对面的背笮山与大沟村落，其立面形式完全是沿高山阶地而建的（图 6.27）。两地村落均建在高半山上，属于半山型村落，建筑与其他环境元素沿阶地层层而下，高低一致。大沟山上基本有碉房和碉，而背笮山的庄房整齐划一，红瓦屋顶，均为 3 层，它们各自沿阶地修建，宅前是院子，宅后是水果园，远看它们均匀有序，十分统一。这种村落环境元素由蜿蜒狭窄的山路连接起来，村落中茂密的树林较好地遮掩着部分坝子和建筑，形成韵律感十足的人居自然环境景象。

图 6.27　黑虎寨鹰嘴河村对面的背笮山村

（二）集中性的三角形

　　羌族传统村落立面形式应用范围同样非常广泛，在羌族各种村落类型中，无论其村落环境规模大小，均会有这种立面形式。归结起来这主要是由于这类形式由高低的碉、碉房、庄房组合形成，在羌族人民心目中，碉是防御、保护家人和财产的堡垒，维持家族延续和发展的主体，碉也是信仰的精神寄托，是人与"神"之间联系的桥梁。因此羌族人民会在碉上放置白石，镶嵌羊首图腾，碉房中的碉更是调节室内热环境的手段之一，帮助建筑解决通风，排除室内浊气、湿气。因此，稍有经济实力或地位高一些的羌族人，过去会在房屋建设时考虑有碉的房屋，自然形成建筑立面的高低对比和体量关系，以及建筑群的高低层次。一般在单独建筑（组团）群中，碉房的碉不会家家户户都有，村落和家族中有1～3座就够了。于是这种建筑群（组团）构成的村落立面（图6.28），自然会呈现高低的近似三角形的立面构图形式。

图6.28　黑虎寨鹰嘴河村的正立面形式

集中性的三角形羌族传统村落立面形式是一组三角形，也可以是多组三角形，最终整个村落呈现由高到低的三角形立面造型（图6.29）。这种形式的村落灵活性大，规模大小不等，布局自由。村落既能建在坡地上、丘陵处，又能在河谷中，是羌族地区村落环境营造的特色之一。这种村落环境里各个环境元素均沿着碉房和碉建造，如坝子、庄房、植物、围栏等。这种形式与环境的道路、坝子、庭院是分不开的，它们都是羌族传统村落的精髓，是区别实体元素之间的活动空间，也是采光通风的主要通道，由此，三角形立面形式的最低点的宽度或深度占建筑单个组团的1/10～1/8，如果是广场，就会达到10m左右，形成极强的分隔性，同时又会构成簇拥之势，视觉上有集中、向心和稳定的感受，能带给羌族人民强烈的凝集意识和族系思想。三角形构图形式具备让巷道解决夏天引导主导风的不足，冬天保持空气温度和降低风速的作用，提供可用的坝子和活动的广场，有利于更多的土地被开垦种植，起到节地的作用（图6.30）。宽阔的广场和田地，以及坝子也为村落环境接收充足的阳光起到很好的作用，它们不会因为村落过于拥挤，环境空间狭小，其他环境元素种类少，导致村落中心的环境出现湿度大、温度低、接收太阳辐射直射少的困扰。因此，这种村落立面形式适合各种规模的传统村落环境应用。

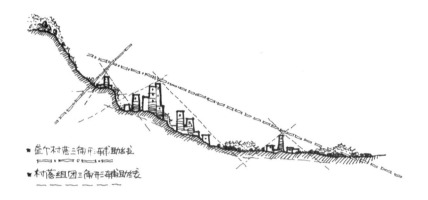

图 6.29　羌族村落环境集中性的三角形侧立面形式

图 6.30　羌族村落活动的坝子和广场

汶川县布瓦寨（图 6.31）位于高山海拔 2022m 处，是当地较大的羌族村寨，该村寨人口有 500 人左右，村寨被分成 4 个小村队，每个队为一个小村落（如布瓦村、小布瓦村等），村落房子均以庄房和碉房为主，平均有 100 户左右。大部分建筑以泥土夯筑，小部分是石头砌墙，表面抹泥，形成整个村落表象一致的效果（图 6.32）。布瓦寨是由高地向山下营建的传统村落，其村落规模较大，建筑室外环境由人造的坝子、院子、道路和自然环境的山水相连，并且其间有田地、水沟等环境元素融合（图 6.33），形成特殊的羌族村落环境效果。布瓦村、小布瓦村现今仍保留着 3～5 座碉房、2 座碉，一部分是土筑的，另一部分是土石结合的。以碉房为主的建筑群是沿阶地两侧布局平面，形成带状形，而立面上，二、三次阶地上会有 2 座左右的碉升起（图 6.34），形成一定距离的中心或集中效果，构成局部的三角形立面形式，而整体从村头山下一队，建于山坡上的碉群到山上的建筑群构成大致三角形的立面形式，较好地体现了沿 4 个小村落灵活布局又符合整体构图的三角形营造形式。布瓦村寨气候较宜，室外温度在夏季 7 月日平均是 23℃，相对湿度在 5％，气压为 79000Pa。村落环境受阶地影响，日照条件好，获得了充足的阳光，只是风向不明确，常出现旋风的现象，夏天有时有东北风，偶尔有西南风。对布瓦寨而言，这些气候与建筑元素采用的泥土、石材相关，土石材料结合的建筑，气密性高，蓄热强。它既有室内保温和传热

的作用，冬天又有防风抵御寒湿的效果，更有室内外环境都能接收到阳光保证热舒适
的需求，这就是布瓦寨能在该地区成为历史上最大村落的优势原因（图 6.35）。

图 6.31　汶川县布瓦寨村落环境　　　　　图 6.32　泥土与石头砌筑实墙效果

图 6.33　村落中的水沟　　　　　图 6.34　村落中的两座夯土碉房

图 6.35　结合地形修建的布瓦寨

（三）自由多边形

羌族传统村落环境立面形式中还有一种多边形式，它被概括后无法形成三角形和四边形，而是五边形及以上多边形，又不是规则的形式，完全是自由的，与大自然有机结合的立面形式（图6.36）。这种形式难有规律可循，无法与其他立面形式相联系。自由多边形源自村落环境高低不齐的环境元素，自由布局，呈现散乱的形式。这种立面形式在组团上是不明确的，组团之间的空间中环境元素不清楚，村落环境又常出现在低海拔的丘陵地区和河谷型村落中。那里人口多，村民生活方式多样，村落环境建造年代短，出现许多近代和现代建造的房屋景观（图6.37）。譬如北川羌族自治县的西窝寨、吉娜寨、擂鼓寨等。

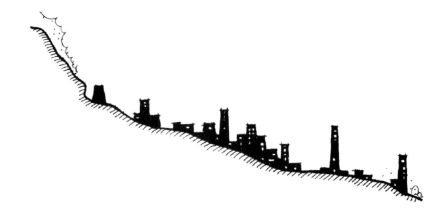

图6.36　与大自然有机结合的自由多边形立面形式

图6.37　吉娜寨现代建造的房屋

吉娜寨属于河谷型村落类型，村落规模大，全村人口有200人左右。受"5·12"汶川地震的影响，全村大部分房屋倒塌，村落环境受到严重破坏，在恢复重建中其村落风貌尽量考虑以前的特色，于是陆陆续续出现新旧建筑和环境元素之间的交替，让整个村寨形成较为混杂的环境设计形式（图6.38）。吉娜羌寨海拔在713m，室外平均气温较高，均在30℃左右，风速在0.5m/s，相对湿度可达到70%，太阳辐射强度为

172W/m²，于是村落环境注重防晒和引风除湿的建造。当地村民为了获得更好的气候条件，村民在室外环境场所搭建了遮阳篷，或者种树遮阳。坝子和道路被部分占用（图6.39），建筑上出现增加挑檐的做法，使室外环境呈现自由多边形的立面形式。汶川的绵虒镇竹角林村也是在传统村落环境基础上扩建了许多新民居。老村落位于河谷地带，建筑为干栏式，屋顶最有特色，均是两坡顶，青瓦片铺盖而成，与茂密的山林十分和谐。每家每户宅前均有一个4m×6m的庭院，院子前是农田，夏季的7月，1m多高的玉米秆丛将建筑低层掩盖，完全是田园中的村落环境形象，其立面形式也十分美观（图6.40）。然而2008年"5·12"汶川地震后当地的老村落环境重新建造，部分民居整齐划一地位于村落南面，使原本属于四方形的立面形式现在变成自由多边形。当然传统的村落环境也有这种立面形式，譬如茂县三龙乡腊普村对面半山上的村落环境也正是这种情形，其传统村落环境元素与部分现代环境设施混合，形成一种自由无序的立面形式效果，影响了原村落环境具有的血缘、族缘和主次关系的平面，其立面呈现集中三角形的形式，但现在表现的是自由多边形的形式。该形式的产生也会受到气候和地形的影响，并最终形成这类景象。

图6.38　北川羌族自治县吉娜寨形式

图6.39　适应气候加建遮阳篷的景象

图6.40　绵虒镇竹角林村的立面形式

　　本章在场所微气候的影响下深入分析羌族传统村落环境的具体平面形式，归纳出室外平面形式主要有块状、线状和三角状，它们共同组成这三种村落主要的平面形式。所有形式在适应当地微气候方面逐渐生长出现，满足羌族人民生活劳动需要，促进和影响村落中建筑形式的变化，体现了生态可持续性的特征，也展现两者的整体与部分的紧密关系。

第七章 场所微气候影响的羌族 传统建筑形式分析

羌族传统村落环境最重要的环境元素就是建筑，这种环境元素在村落中是最多的，规模也是最大的，甚至可以说传统村落环境的形成与发展，是以建筑这一元素为代表的，也是由场所微气候与建筑室内环境所决定的。建筑作为人栖息的空间，其室内环境使用方便，居住舒适，生活安全，朴实自然，绿色健康。而室外环境更为室内环境提供了适宜、健康的气候条件，以及好看的、既有文化精神的公共场所。因此，从羌族传统村落环境整体的平面形式剖析，必然少不了村落环境最重要的平面形式内容。对室内平面，本章将其分成两部分解析，更能透彻地剖析羌族传统村落环境营造适应气候的现象和本质。

第一部分内容是分析建筑空间的功能布局，了解建筑空间的平面组合形式、空间之间的关系，因当地气候条件不同，温度和相对湿度影响了功能空间的面积分配、朝向和位置，日照和风向又影响了建筑上窗洞和门洞的位置、面积和大小，还包括墙体的厚度、材料与构造等，反映建筑体量及它们之间组合的平面形式；第二部分从室内环境设计的角度，以家具、陈设和隔断摆设给予补充，以及在室内的平面形式上进行分析。在符合当地人的行为习惯和适应微气候的建筑平面表现上，平面的建筑构件组成的完善功能空间，具有统一的格调，达到好用和舒适的目的，为人们提供健康、安全的室内环境。

羌族传统村落中建筑室内的平面形式被分成两块，一块是建筑室内总平面形式，另一块是家具布置平面形式。室内平面形式根据建筑总的功能空间布局具体有一字形、凹形、L形、凸形、回字形，以及羌族建筑室内空间特有的庄房与碉结合的碉房平面形式，包括一字形与多边形结合的平面形式 ⌐⌐，一字形与多边形分离的平面形式 ⌐◻ 或 ◻⌐，以及自由平面形式与多边形结合的 ◻⊓◻ 和 ◻⊔◻ 两种。

虽然羌族传统建筑室内平面形式变化多，而室内家具布置的平面形却较有规律性和统一性。主要在于堂屋的中心和对角线上的平面布局形式，家具陈设沿四周墙角摆放，卧室家具沿墙的长边布置，贮藏间沿墙四周布置粮食柜子。独木楼梯位置自由（图 7.1），不受方位固定，难以从东、西、南、北四个方向找到布局的规律，却能从进入房间的方向上给予判断，一般位于入户的右手一侧（图 7.2）。

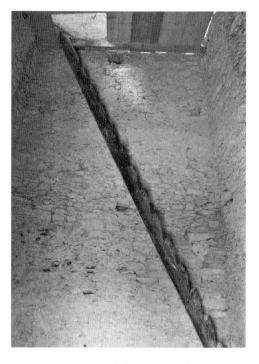

图 7.1　室内的独木楼梯　　　　　　　　图 7.2　位于右侧的楼梯

一、羌族传统建筑平面形式

羌族建筑是羌族传统村落环境中的重要环境元素，受当地日照辐射强和气温低的影响以及地形条件的制约，建筑平面形式多变，立体形态的庄房或碉房虽然基本都一样，但是它们的平面形式不相同，这种结果源自羌族人民世代都遵循的顺其自然、因地而变的观念。

笔者调研后发现，各个传统村落的环境，无论是何地的羌族建筑，都没有一栋平面形式是完全相同的，呈现的是各自与地形有机结合的形态特点。假如要说是有机建筑，从羌族传统建筑的平面形式、材料、观念来看，无不体现有机理论的精髓。有机理论的代表人、现代建筑的核心人物之一美国建筑师弗兰克·莱特，主张建筑应与大自然和谐，就好比建筑是从大自然里生长出来的。莱特认为，受大自然启示而设计的建筑应属于自然界的一个部分，他把这种建筑称为"有机建筑"[1]，其核心思想类似于我国春秋战国时期道家学派的老子"道法自然"的思想。因此，羌族传统建筑的碉房、庄房的平面形式具有适应自然现象的精神和性格。羌族建筑平面虽然丰富多样，但通过仔细比对、整理，还是能够归纳出一些相同的平面形式，这些平面形式应是基

---

① 20世纪中期，美国建筑师弗兰克·劳埃德·莱特将自己设计的建筑称为有机建筑（Organic Architecture）。有机建筑是由内而外的整体性组织，总体与各个局部之间存在着有机的必然联系，像自然界的植物和生命体一样，它们与所处的环境紧密相连，是土生土长的、真实的、本质的关系统一体。

本形式单元，它们延展出来的其他形式导致羌族传统建筑的平面变化。

羌族传统建筑的平面形式有四类：第一类是碉的平面形式，第二类是碉房的平面形式，第三类是庄房的平面形式，第四类是与庄房相似的阪屋平面形式。而羌族建筑平面形式主要以碉房、庄房为主，尤其是庄房的数量最多，普及面最广。

（一）碉室内平面形式

羌族碉是羌族传统建筑的一个突出特色，建筑高而窄，高度为 30m 左右，最高的是阿坝藏族羌族自治州马尔康的白赊碉，高达 43.2m。过去羌族地区只要有村落的地方，就会有碉。碉是用来保护族人及粮食安全的，有些碉是用来瞭望和发信号

图 7.3　用于瞭望的碉

的（图 7.3）。在先秦之前碉就已有之，其发展有 2000 多年了。《后汉书·南蛮西南夷列传》中写道"依山居上，累石为室，高者至十余丈。"[76]，说的就是碉。碉源自"邛笼"，碉的由来，按照季富政教授所述有三种：第一种是西北羌族人沿岷江南下，并与当地原始居民发生战争，从而导致堡垒似的碉产生。第二种是宗教信仰的需要，释比作为羌族宗教信仰的精神领袖和传承人，认为碉是羌族人的"天宫"，是联系天神的重要天梯。因此碉上要设有白石和羊首，表示离天近的含义。第三种是现代羌族人的观点，认为碉是镇邪的"风水碉"。无论是哪种说法，都仅仅是现代人根据各种现象、典故、考古、史料等推断的结论。然而笔者从建筑

的实用功能来看，碉是生活安全或战争保护的建筑物。

碉的平面形式有多种，有边数较少但数量最多的四边形碉、六边形碉，也有边数多、形式美观的八边形碉，还有带乾棱子的八边形碉、十二边形碉等（图 7.4）。这些碉的平面形式多种多样，经过了解，它们各层平面面积仅为 20m² 左右，8m² 是最多的。碉由大小不等的毛石砌筑，采用大石块叠压多层小石块，石块稍平整的面朝上，与接触地的另一块粗拙的石面相挤压，增加上下左右的接触，层层叠加成墙，让墙体更加牢固。石块间的叠置采用全顺构造方式，既稳固又有韵律的视觉效果。墙体转角采用两块大条石 90°相互叠压（图 7.5），互相咬合构成角柱，拉咬两面墙体，保障墙不易左右松动。碉墙体厚度在 0.6m 左右，最宽的基础部分达到 1.0m，墙上开门洞和窗洞，它们洞口的尺寸长度在 0.3m，门口长度在 0.6~0.8m，窗口的过梁，羌族人常用石板搭接，也有使用树干搭接的。门口上的过梁均采用树干横跨搭接。为了让

墙体更加坚固，除了碉四个角运用了巨条石叠压，羌族人还在墙体上的四边横放多根树干变成拉筋，一起紧紧拉着墙体中的每块石头，起着抗风压和阻止碉左右摇摆的作用。

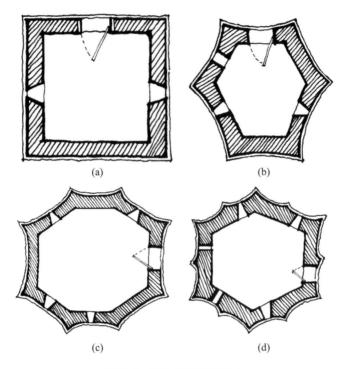

(a)　　　　　　　　　　　　　(b)

(c)　　　　　　　　　　　　　(d)

图 7.4　碉的各种平面形式

（a）四边形；（b）六边形；（c）八边形；（d）十二边形

图 7.5　碉转角墙体的叠压做法

碉能经受高原、高山峡谷各种各样的恶劣气候，如狂风、暴雪、暴雨和强度高的太阳辐射，又能适应各种湿度和温度的河谷地区，是多用途的建筑设施。碉室内的弱气候具有冬暖夏热的特点，因此该建筑内部环境仅适合贮放一些杂物和劳动工具，不适宜人长期居住。碉内部通常十分压抑，光线较暗，尤其在二层和一层是非常明显的。碉室内环境的材质十分粗拙，墙上和顶面极少有装饰，地面也没有任何铺装，并且室内外墙表现都是一致的（图7.6），足见羌族碉室内环境的功能性明确。室内环境设计的营造在于多数平面不设家具和陈设，其内空旷，做法仅在门洞的对侧或斜侧（一般为右侧）放一个独木楼梯，来保证族人能够爬上楼层。到了二层的楼面，其上仍然较少有家具，个别羌族人会在该楼层的东南或西南角处摆放桌子、柜子和凳子。柜子里通常装有平日不穿的衣物，桌子和凳子应是为躲避盗匪进村而临时用的。同样在空旷的另一侧墙角，族人安放独木楼梯（图7.7），穿过三层的楼梯口，能让人爬上该层。碉室内每一层楼梯口的位置较为随意，它们之间并不在统一的地方，楼层间是相互错开的，这也反映羌族人民自建碉时，是随着功能的需要而随意确定开口的。因此，结合前面提到的建筑室内平面形式的多样化，这里可以归纳出羌族碉的室内环境设计仍然是一脉相承的，平面布局自由、变化较多。羌族地区碉的楼层一般为3～13层，每座碉室内除底层平面相似之外，其他各层的平面形式大多不相同，但它们布局的内容是相似的。譬如茂县河西村的碉，有四边形、六边形、八边形。

图7.6　室内墙面　　　　　　　　图7.7　碉内的独木楼梯

公共性的碉，历史较长，有战碉、哨碉，这两种碉由石块建造，体量有瘦小的，也有庞大的，碉顶上通常放置白石，在麦灰色的碉上十分显眼。公共性碉内部平面的底层光线昏暗，如果不开门人在其中基本看不见任何事物，同时给人沉闷和不舒适的感受，在夏天对多座碉空间的测量，空气温度平均在27℃，表明该空间温度略高，让人感觉不舒适。碉二层平面的光线好于底层，但上面常堆放杂物，三层、四层气温高于低层，通过测量平均气温在29℃，上摆有临时用的凳子。碉的屋顶为平顶，上铺泥土，平面一侧会有一根木质的水槽延伸出屋顶，为排雨水所用。顶面四周是女儿墙，高度在0.7m，四角垒白石，屋顶面积小，大约6m²，从气候来看，屋顶上风大，辐射强，不适宜长久停留。

汶川布瓦寨的碉也是如此，该村落解放前总共有48座，其中石块垒砌12座，剩下的36座为夯土夯筑。据说它们均是明清时期所建。这些碉有四边形平面的，也有六边形平面的。最高的碉大约20m，矮的为10m左右，它们分布在村落的各个方向，村内和村外均有。该村寨碉室内环境质朴，里面无任何家具和装饰，墙面显出每块石材的质地、颜色。夯土碉室内环境形式也是如此，只有墙面显示的是泥土的质地和颜色。碉室内各平面的面积小，大部分在20m²左右，边长4.5m，墙厚在0.7m。平面中的弱气候，夯土碉与石质碉不太一样，夏季夯土室内空气温度好于石质碉，夯土碉气温均衡，平均气温在22℃，相对湿度要小一些，在40%，舒适性和热环境较好，这是由泥土材料固有的阻风和保温性能所决定的。从整体看这类材质的碉房适宜人类居住，为此在一些传统村落环境，用泥土夯筑碉地较多（图7.8）。

碉的屋顶有平屋顶和两坡顶，平屋顶如庄房屋顶一般，但两坡顶的形式类似汉族的悬山顶，屋顶为石片铺叠，也有青瓦铺叠而成的。这些碉所在的地区一般是海拔低的多雨区域，是河谷和半山型村落类型。譬如草坡乡码头碉（图7.9），墙体由石块砌筑而成，屋顶是铺青瓦的悬山顶，为了防止雨水渗透到墙上，屋盖挑檐较长。

图7.8 泥土夯筑碉

图7.9 草坡乡码头碉

（二）碉房室内平面形式

碉房室内环境设计的平面形式大致有三种：第一种是碉与庄房融合在一起，碉平面既是庄房室内平面的一部分，又是碉本身的部分，两者平面功能有些重合。碉平面或在庄房的中心，或在其中的某一个角落。第二种是碉平面与庄房平面完整连接，为相切的形式，这种碉房是庄房与碉相接的建筑造型。第三种是碉与庄房之间有一段距离，其平面通过一块衔接的过道进行连接，构成三块平面的碉房形式（图 7.10）。这三种平面形式，是高山型和半山型村落类型的羌族碉房，是羌族人经常采用的设计和营造形式，只是碉在与庄房前后左右的位置连接上出现不同的情况。

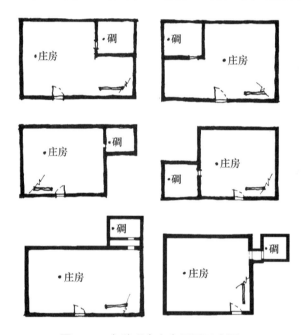

图 7.10　多种碉房室内平面形式图示

碉房室内平面形式虽然有一定的规律，然而它的防御功能和建筑连接方式成为最重要的考虑方面。这三种的碉房平面形式规模较大，面积一般都在 200m² 左右，小的则在 100m²。羌族碉房是过去混乱年代形成的特色羌族民居，具体何时形成，现已难以查明。但对其大致时段推测，以及从各种资料查阅来看，应有千年了。季富政说："这种现象看成是比较成熟的农业文明的结果，上推至千年之上也是可以的。"[3] 但从茂县羌族核心地区的曲谷、三龙、黑虎等乡的明代选址看，至少距今 400 年已有这样的"结合体"，说明这种建筑早有历史基础，经过不断地完善，其平面才有这三种形式。

1. 碉平面与庄房平面连接的碉房平面形式

碉房平面既有规则的庄房平面与碉平面结合的平面形式，也有异型的庄房平面与碉平面组合的平面形式，以及不规则平面结合的平面形式。由此，可以看出三种组合的平面形式都会出现规则或者不规则的平面形式特点。碉与庄房融合的平面形式，常常能见到碉的平面被高低的庄房平面所合并，成为庄房平面的一部分。有些庄房平面内会有碉墙体，有些则没有。碉下部分的结构全被庄房墙体与柱、梁所取代，找不到碉下部分单独的承重墙，只有上下楼层的独木楼梯能确定其碉的空间和平面位置。这种平面组合形式一般是异型的，为了适应地形和节省建筑用地、增加建筑的防御性而修建碉中心的碉房。这种房屋最大的特点是夏天特别凉快，冬天暖和。

碉房通过庄房低层的楼梯口连起高碉顶部的天窗，在炎热的夏天，室内空气的流动会加速，因此地面的低温空气与高碉上部的热空气之间会产生气压差，从而导致气压向上带动低气压的气流，室外的高气压就会进入室内补充低气压，这样气流自然而快速地流动，带走室内部分热量，起到降温的作用，这就是热环境的烟囱效应。这一切的动力源自碉上部能接收到更多的太阳辐射，通过石墙的热传递让上部空气温度升高，形成空气的循环运动。冬天房主将碉室内各个楼楼梯口和屋顶口都关闭，室内的空气流动减小，白天的碉接收太阳辐射直射，使石墙蓄热，这些热不仅白天能传导到室内，到了晚上也会继续传导，持续地增加屋内气温。

羌族碉房室内平面的庄房部分呈不规则形式，一般由两层平面构成，底层堆放杂物和饲养家禽，墙体不开窗，室内光线昏暗，除了有承重的墙体和柱子，该空间内不做隔断。底层的层高低，大约为 2.0m。二层平面为主室，是羌族人居住和生活的地方，由面积大的堂屋和各间卧室组成，堂屋是主体，卧室分别在其两侧（图 7.11、图 7.12），常常是建筑南向的东侧有卧室一间，西侧有两间，有些二层部分的一侧只有两间卧室。各个房间的光线不一样，堂屋的光线较好，因为该房间一般设在南侧和东侧，墙面上开窗，部分堂屋的三层以上楼盖开启天窗，光线直通二层，也增加了室内的采光，看上去室内稍显明亮。二层的墙面较碉墙体好很多，一般黄泥抹面，表面比较平整，在长时间火塘中柴火和烧煮饭的烟熏下，墙面变得又黑又亮，使得室内看上去依然暗淡（图 7.13）。

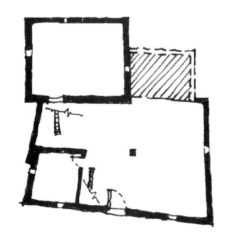

图 7.11　一层室内平面形式

图 7.12　二层室内平面形式

室内主体是家具布局和陈设摆放，羌族室内设计的重点就在二层，如前所述，堂屋平面中心是木柱，又名皇帝柱，是家中的精神中心（图7.14），其旁边是火塘，在它们对面依墙角的位置是角角神。角角神两侧布置相应的柜子，通常这些柜子都不重要，而重要的柜子一般放在卧室。这些柜子都是矮柜，里面有碗筷和杯子之类的餐饮用品。室内家具常沿南墙或东墙摆放，如桌子、凳子；靠北墙或西墙放水缸、坛子等设施。它们的摆放形式使二层平面沿对角线被分成了两个部分，一部分是羌族人平日就餐的空间，另一部分是储存粮食和蔬菜的空间。卧室摆放的家具十分简单，一般是一张床沿长墙方向放置，其床头一侧摆有一张桌子（有些不摆放），床的对面墙则放柜子，实际上如果这里无柜子则放长凳，上面堆放衣服或其他棉被之物，个别有放一两张凳子或椅子的做法。其他次要的卧室平面上家具仍然是这样的布局形式。所有的卧室空间大小不一，导致室内平面家具布局的方向也不一样，不同于汉族的室内家具布局要依据中国风水之说，室内主要家具宜朝南的说法，对人身体有利。而羌族人没有这种认同，他们只考虑功能和适应气候的平面形式。

图7.13　室内暗淡的效果　　　　图7.14　二层平面的两根中心柱

二层堂屋因整个室内平面的面积而定，往往占该层的1/2左右，而剩下一半面积的平面则作为卧室之用。羌族人非常关注老人的起居，家中长辈和老人的卧室一般在东侧、东南侧或东北侧，如果房间无此朝向，他们要选择阳光能照射到的房间供老人居住。二层所有的平面都铺木地板，三层或四层平面较少摆放家具（图7.15、图7.16），既使有也只是简单的长条凳和柜子之类，一般这两层都用于贮放粮食和悬挂肉类。两层平面铺木地板，室内光线稍有亮度，四层更加明亮，其平面与三层一样，呈现跑马廊的形式，中心是漏空的，便于通烟气。顶层是楼盖（图7.17），其面上铺泥土，功能似晒台，平日能晾晒小麦、谷粒等粮食。碉与庄房的连接正是从二、三楼进入，然后通向碉房屋顶。碉的二层平面是完整的四边形或六边形，墙上有斗窗采光，有些是多个斗窗（图7.18），其室内主要安置独木楼梯来连接楼层，其内低层放置家具，里面装粮食，其他为空地。三层及以上仍然放置这些东西，有的碉房的二层少放家具，三、四层及以上再放柜子和粮食。碉的室内平面从整体看，光线好于碉房的庄房室内，其各层家具较少，甚至有些碉房中的碉室内不放任何物器物（图7.19、图7.20），尽显该层的空旷。譬如黑虎寨王氏碉房的碉就是这种平面形式。

图7.15　三层室内平面形式

图7.16　四层室内平面形式

图7.17　顶层室内平面形式

图7.18　墙上室内的斗窗

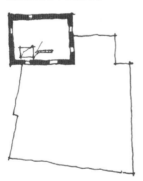

图7.19　不放器物的六层平面形式

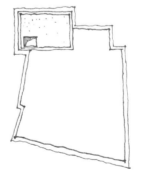

图7.20　屋顶平面形式

2. 碉与庄房连接相切的碉房

这类碉房的平面形式特点突出。庄房东、西外墙的某一侧墙上与碉紧密连接，共用一堵或两堵石墙，从而构成庄房与碉自然有机的结合形式，这犹如低矮的土方侧面长出高耸的竹笋一般，威严奇特（图7.21）。碉位于庄房侧墙的碉房，其形式较为多变，这是由于碉灵活地倚靠庄房布局，以及碉的高度不同而形成的结果。它们表现在碉位于朝阳面的东南侧或位于庄房东北侧、西南侧、西北侧，受地形条件决定。无论是哪一种形式，它的室内平面布局都是一致的，均是基于日照的需要，地形条件满足的情况下，东南或南向的碉尽可能相切于东侧或西侧。如果这两侧方向的用地都无法满足建造要求，羌族人再选择西南侧，最后才考虑东南侧（图7.22）。其实羌族人这种平面位置的考虑并不无道理。

图7.21　宏伟的碉房

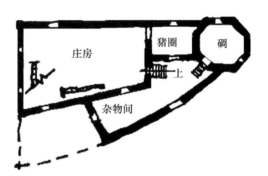

图7.22　碉房室内平面形式

首先，羌族高原高山地区，无论是河谷地型的村落还是半山、高山地形的村落，建筑和室外元素均需要日照，既能解决寒冷气温，又能照明，而巨大高耸的碉，如果位于东南侧，必然会导致上午庄房的日照被碉所遮挡，影响庄房部分室内空气的升温；其次，碉房的主要功能并不是作为作战的设施，而是用于贮藏家中粮食、肉类及财物，保护族人安全，具有防盗和掩藏功能。碉体量巨大，不宜显露而应该位于庄房之外，如果它位于南侧或东南侧，就会阻挡夏季的东南风、遮掩视野，非常不利于居住，同时也不适宜微气候和观赏景观，并且极有可能挡住冬天西北方向的部分寒风，容易在此地形成一股回流风，造成庄房南面和东面房间的气温长时间寒冷。为此，笔者在多次进入羌族地区调研测绘时，发现碉房位于西北侧的最多，当然偏向于西北方向的碉房，多作为多层的保温层，既能抵抗西北风或北风，保障庄房西北和北面的室内温度，又能防止室内气体热量被西北风带走。夏季从东南方吹来的风也能通畅进入室内，带走内部的热风，起到降温的作用。即使有强烈的太阳辐射，也都在厚实的东向和南向的石墙上被吸收，以蓄热方式保存，到了傍晚及深夜室内外温度降低，墙上的热量会慢慢地释放出来，并通过对流方式传给空气，保持室内适宜的气温。

碉房室内平面形式仍然为方形平面的庄房，其面积在 $50\sim200m^2$，由规则的碉平面形式——六边形、四边形、八边形组成，或者由不规则的庄房平面形式与规则的碉平面构成。整个平面常由庄房的 $1\sim3$ 层和碉的 $1\sim7$ 层组合形成，每一层庄房与碉连接处都有门通过。碉房本身的入户门一般开两道，也有三道的，一般底层会有一道门，二层有人通行的一道入户门，三层会有上山的一道后门。这种门见于高山和河谷村落类型中，其他村落类型较少见到。大部分入户门只开一扇，位于底层，是家禽的入口。羌族碉房入户门一般都不大，门洞 $0.7m\times1.7m$，为木质板门，表面粗拙。底层设猪圈、羊圈、牛圈，不设柱子，通常石墙承重，从而导致平面中的光线十分暗淡，仅仅依赖由门洞采光。如果门关闭，室内将一片黑暗。为此，羌族碉房底层的门白天一般都是开着的，到了晚上才关上。二层平面为居住、生活的空间，有多间卧室和一间堂屋。堂屋在碉房的西南方向，朝着东南方是两间连廊的卧室，或者南向是堂屋，东西两侧、北侧是卧室的平面布局形式。调研中甚至发现北面布置有堂屋的做法，二至三层全是卧室的平面形式。譬如，黑虎寨的王氏家中，主房的堂屋同鸡圈都设在一层，用实墙隔开，鸡圈和其他家禽圈位于堂屋南面。两平面的石墙不开门窗，保证各空间无干扰，环境也变得干净，相互气味不会交换，不会影响生活。西北向是碉和鸡圈的用房，而在堂屋东侧兼有建筑相切的私厕，底层与二层之间的垂直连接依赖独木楼梯，人要上三层仍然使用这种独木楼梯。这种建筑平面的布局形式虽有实例但还是较少，仅在一些特殊地形和险要的地势中发现过，从大量的半山型村落与河谷型村落中极少见到这种布局。

碉房每层平面的家具摆放，与第一种碉融合在庄房的平面形式是一致的。底层有少量家具，二层住人，堂屋为房间重心，在平面的对角线中心处常会竖立一根中心柱，有些房间根据其楼层高度和空间宽度、深度，会增加 $2\sim3$ 根，形成 $3\sim4$ 根立柱构成的火塘空间。由图 7.23 看出，空间平面上有 3 根柱，室内火塘面积不大，为 $6m^2$。围着火塘的四周或三面摆放条凳，火塘中的三角架置于火坑上，平日架上烧火煮饭，家人聚集吃饭并谈论生活琐事，具有议事的客厅作用。部分火塘会在下八位修建土灶，专用于做饭，而火塘做饭的功能则取消，成为冬天烤火、取暖或家庭象征的设施。土灶一般由石块混合泥土砌筑而成，高 $0.6m$，宽 $1.0m$ 左右，厚度为 $0.7m$，有两个送进柴火的灶洞和两口放锅的锅口，平日做饭，家中妇女就会一个人烧柴火，一个人炒菜，男的负责在火塘上烧开水，或者协助家人做事。火塘又名锅庄，是羌族人载歌

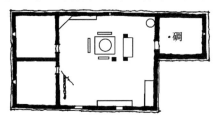

图 7.23　3 根立柱构成火塘空间的碉房

载舞的地方，室内外火塘周围一圈都要求空旷。室内锅庄的对角是角角神，角角神两侧的布局依然是朝向窗口设置桌椅，另一侧的天窗口摆放柜子，它们距离灶较近，并沿墙边摆放水缸、菜坛之类。在东南向或西北向倚放独木楼梯，有些家庭是固定的楼梯且较宽。

二层的庄房平面与碉平面通过入户门出入，其内部分存放粮食、杂物，也有部分将此作为一间卧室，里面朝窗口位置摆放一张床，窗口前放一张桌子。由于碉面积

图7.24 黑虎寨的王氏祖宅的晒台

小，在床与桌之间靠墙处斜放一个独木楼梯。堂屋的西侧常有卧室多间，家具摆设同前面卧室一致。第三层平面为卧室或贮藏间，面积小，大部分在8~20m²，或者另一部分是晒台。譬如黑虎寨的王氏祖宅（图7.24）正是这种布局。建筑南北朝向，北面为入口，通向厨房，平面呈方形。建筑整个三层平面的面积大约在190m²，一层是较暗的杂物间和厨房，空间较大。在杂物间的西墙处有一个朝北向的独木楼梯，能爬上二层，二层楼口在0.9m×0.9m，其周围无任何栏杆，楼层由木板铺垫，独见羌族人对材料的要求，但对危险因素较为忽视。

二层堂屋南北向，中心偏北为火塘，在火塘对角的东北方摆设有火神系统的陈设和家具，在火塘北侧靠墙位置有一道门，通向最北端的卧室，卧室面积约为15m²，里面仅有一张1.2m宽的木床，看上去十分朴实，无任何装饰，在昏暗的光线下，显得十分陈旧，靠门一侧的南墙边倚靠着一件衣柜。堂屋西面墙旁有一间卧室，这应该是孩子的房间，室内墙壁上贴着一些现代图画，室内除布局有床、柜子，还有少量的凳子和桌子，相较而言，堂屋东侧的卧室最完整，应是老人住的房屋。它呈现南北向的长条形态，东墙上开一窗（图7.25），大小为0.3m×0.3m。三层上面布置卧室和杂物间，家具仅有床和大木箱，放在靠南墙的窗口下，方便阳光的辐射和风的顺畅。房间之外便是占平面1/2面积的晒台，它朝东北向，连接着庄房西南向的碉。

三层无任何堆放物，里面昏暗，门紧锁，住户说木地板已经破烂，有些危险，里面不能进去了。屋里面没有任何东西，过去主要存放粮食，二层楼门开着，室内平面堆放有一件木柜，上面摆放着木构件。北面墙上开一扇斗窗，窗口内壁面长宽为0.5m×0.3m，外壁面为0.3m×0.2m，光线进入少，室内显昏暗。由于刘宅在"5·12"地震后已无人居住，内部环境十分糟糕（图7.26），无论是热环境还是卫生条件都非常差，尤其是热环境方面，突出表现在通风不畅，湿度大，估计应在75%以上，温度较低，环境辐射弱，太阳辐射直射少等。由此可以看出，一座羌族碉房，无论它的材料和结构如何顺应地势环境，如果没有人的生活和经营，最终其舒适性都将消失或变得十分糟糕。

图 7. 25 碉房东墙窗户

图 7. 26 碉房室内环境状况

碉房的平面形式是规整的碉平面形式，为四边形、六边形、八边形、十二边形等，它们与庄房的准正方形、长方形和不规则的异型一起组成复合的平面形式，比如河心坝村的杨宅就是一例。这些平面形式通过石墙生成的室内空间构成功能用房，其环境设计较有实用性。这些实用性基本上是依据室外气候因素中的日照和通风综合而来的，由此形成了简洁的室内环境设计。

3. 庄房与碉相隔距离的平面组合形式

庄房与碉相隔一段距离，组合成室内的平面形式（图 7.27）。这种碉房平面形式是一种由庄房规则的方形平面和碉规则的平面通过过道或走廊连接起来的，另一种是庄房异型平面与碉规则的平面经过过道连接起来的。这种形式的碉房较多，布局也自由，不受地形影响，完全根据房主需求而随时修建。碉可以在庄房的北侧（图 7.28），也可以在西南侧等，主要是因为碉平面与庄房连接方式是多种多样的，从而构成碉房多变的平面形式。羌族人以墙体将两者连接起来，便成了碉房整体，它安全、保暖、防寒，也可以是部分楼层用墙，部分楼层不用墙，只用道路连接，其平面形式显得简单，整个碉房保暖防寒的性能和安全性差一些。

碉房三种独立的平面及建筑空间，取决于碉与庄房的位置和距离，位置与距离的远近又受限于气候情况和地形条件。在寒冷的高原高山上，建筑要有长时间的保温与防寒的要求，否则很难让人在其中停留，更不可能长时间生活。由此，这些要求必然促使当地羌族人民考虑建筑材料、建筑形式、室内空间和室内平面以及建筑朝向等需要。但是室内平面与空间是碉房需要关注的重要要素。碉房的庄房平面与碉平面大小差别明显，庄房是独立的建筑，其平面上各个功能空间是完整的，它有多间卧室，一间堂屋，多间贮藏室、杂物间、家禽间和卫生间，这些空间又被布置在庄房的各个楼层，通常是人居于二层，家禽于一层，晒谷和贮粮于三层。其平面占地最多的是堂屋，它是家族室内的重心，主要位于二层的南向或东南、西南向。其次是羌人居住的卧室，分别在二层和三层，朝向随意，只有长辈的房间在南面。贮藏间在三层的位置，杂物间和家禽室在一层。如果一层作为人生活的平面，那么这两个房间一般都会布置在入口的东面、西面或者西南面。这也体现了羌族人民将羊、牛、鸡、猪等家畜的生命看成同人一样的地位，表现其民族对泛神论中羊神等的信仰。卫生间在一层，常在庄房主室和入户门的东侧等位置，面积小，大约 $5m^2$。庄房的环境平面形式一般都是长方形或准正方形的，也有少部分是异型平面形式。

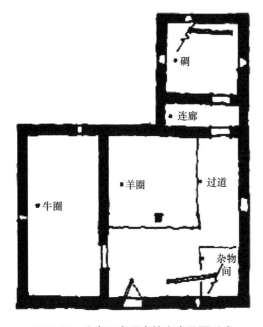

图 7.27　连廊组合碉房的室内平面形式

图 7.28　北侧碉的碉房

碉房中的碉，平面形式较为规则，依然采用以四边形为主、六边形等为辅的方法。这是由羌族人的经济条件和碉的功能情况所决定的，作为生活的粮食、财物贮藏之用，偶尔遇到战乱是躲藏的场所。碉形式的平面尽可能简单，一般由泥土和木材铺垫而成。平面面积较之前两种融合与相切连接多一些。笔者实地了解，根据当地羌族人的讲述，大致意思是该主房（庄房）的建筑面积太小，房间也少，需要修建碉来增加建筑面积，放置更多的生产工具、粮食、杂物之类，偶尔可以居住。同时，增建的碉上面能放置白石和羊首，它有保护家人平安和节节高升的意思，有财富和地位的象征。碉有 3～5 层的平面，室内上下交通采用的是独木楼梯，每层平面为 $10m^2$ 左右，整个建筑净面积近 $45m^2$。一层无窗，通常放一些生产工具，有些将其作为饲养家畜的空间；二层放置床、柜子，墙上有窗；三层通常贮藏财物、粮食和悬挂肉类，墙上也有窗；屋顶上面的祭台放置白石等。如果碉室内有五层平面，那么二层一般为堆放杂物，三层住人，四层堆放粮食，五层为楼顶。

整体来看，室内平面较前两种碉房形式中的碉亮堂，这源于碉和庄房都是分开的独立建筑，各个部分的建筑窗口要多，两者之间的遮挡也要少一些才产生的结果，相应碉房的室内整体气温又会稍低，主要因为碉房空间面积的增加，扩大了室内气体的分布面积，同时室内平面面积的增加，同样也增加了建筑墙体的表面积，导致它散热更快，最重要的一点是封闭的碉内廊和过道相连接，使室内空气流速加快，低温气流会带走室内更多的热量，即使关闭碉的屋顶口和内部的各个楼层口，保温效果也不会增加，根本原因在于羌族碉房的门窗气密性太差，无法阻挡风的经过。所以高原高山地区的羌族人民一直非常重视房屋的日照和采暖。

相比周围其他民族的建筑室内装饰，羌族碉房室内的装饰性极少，建筑室内外环境艺术展现的各种工艺性的构件不多，无论是地面和墙面的表层，还是顶棚，都无法表现装饰的特点。当然这是由羌族人民适应气候的理念和朴实的生态观及文化信仰所决定的。羌族碉房室内平面家具布局形式：一层无家具，饲养家禽。二层堂屋有灶台、火塘、神龛、木柱。它们的位置如前所述，大多靠四周墙摆放，室内明亮处有桌子、凳子，较暗的一侧或角落放饭柜、水缸、菜坛以及楼梯。三层平面是卧室和杂物间，家具类型少，多为柜子，同前面阐述碉房室内三层平面的家具一致，只有单个形式和尺寸大小不同。羌族碉房的家具和陈设较少，它们都围绕墙壁四面倚靠，省出各层中间的面积，体现了羌族人民节约空间和面积的观念。这种观念便于羌族人民在家中举行活动，室内少量的家具和实用的陈设，从另一方面也反映羌族人民自古以来随气候环境和战乱环境搬迁的习惯。这些习惯渐渐地融入羌族的行为中和室内环境营造内，即使在羌族历史上土司居住的碉房，也难以见到过于华丽的装饰及其室内环境设计，如果要和同时间段的藏族土司官寨相比，就完全表现出两种民族文化和艺术装饰的不同观念。

桃坪羌寨陈宅是庄房与碉组合较典型的碉房（图7.29）。它位于理县河谷地区，具有明显的防御性功能，建筑呈东西方向布局，但是房间组合呈南北走向，共计五层平面，碉八层平面。碉平面在建造的最北偏西一点的墙角处，中间段为堂屋和卧室，两段连接通过一小段过道，大约0.3m长，面积近1m²，而朝南的两房间平面分别是由室外进入室内的过厅，面积较大，为15m²左右，室外有7步台阶上平台，平台与室内过厅连接，过厅是向两侧房间分流的公共空间，向南侧是两间前后排列的卧室，它们面积相等，分别为8m²左右，各个房间均由石砌墙承重隔开，只有过厅和卧室的部分墙采用"回"字形的木格做隔

图7.29 桃坪羌寨廊道碉房

161

墙，划分两空间。在南北方向的轴线上各个房间的门及其尺寸大约在 1.7m×0.6m。

二层除卧室和过厅开有窗户外，其他房间均无窗，窗是木格栅形式（图 7.30）。该层的家具布局，碉室内放两张木床，两床之间有一个柜子，形式很像现在宾馆的标准房间。堂屋内由西北部分的灶房和东南部分的主人卧室组成，灶房有一土炉，其上能同时放三口锅煮饭。东墙处有一水缸，西墙旁摆储藏架和柜子，它的高度在 1.7m。主室的南面摆放一张东西朝向的床，偏北是两张凳子，围着一张小桌子摆放。室内光线十分暗，白天均需要灯火照明，南侧另设一间卧室，床沿南墙放，西墙处放柜子，这面墙是由木隔断做成的。主卧室与过厅由堂屋分出的过路间连接，它的空间多变，甚至可以说是自由的。过厅内靠东墙处有一火塘，三角的铁架放置在火坑上面，颜色漆黑，上面发亮，表明该火塘使用时间长久。在火塘对面东北角处靠墙角位置倚放着角角神（图 7.31），而室内的中心柱被取消，两间卧室都是靠东墙摆床，西南墙放着桌子和柜子。整体二层家具与陈设布局遵循依靠墙边和墙角的方式，同时朝南或朝东布置有卧室。由建筑室内平面的测绘可知，它的平面已经发生了较大改变。这是由于近年来，桃坪羌寨发展旅游业的需要而改造的结果，之前原建筑平面形式的堂屋是没有卧室、过路房、主卧室的，仅有一间完整的有火塘和角角柜的房间，后来因民族特色的打造才搬至过厅中，只是堂屋的中心柱无法移动，现仍然留在该中心位置。

图 7.30　木格栅窗户　　　　　图 7.31　倚放在墙角的角角神

三层平面通过木楼梯上下，庄房楼层是贮藏间，主要放置杂物，悬挂肉类，墙的表面全部被烟熏黑，但好在西墙面有一个 0.3m×0.6m 的斗窗（图 7.32），解决了室内的部分光源，室内较二层明亮一些。碉不设入户门，堂屋三层的室内光线全来自窗洞的采光，三层的南墙靠东侧有一个 0.5m×1.6m 的门洞，方便人出入晒台，从事晒粮等劳作。门洞与庄房、过道采用实墙分开，四层庄房只有堂屋这部分楼层上面是堆放粮食的空间，地面上有玉米、土豆、白菜。在南面有半圈从东到西的木质围廊，类似阳台（图 7.33）。南墙上开有门洞，1.6m×0.6m 大小，在该层平面的东墙处有两部上下楼梯。碉与庄房、过道分离，平面上无任何家具。碉三面墙的东、北、西向各开一个 0.2m×0.3m 的斗窗；五层的平面是照楼和面积较大的晒台，它们与碉连接，碉三面墙上都有斗窗，南面墙上的斗窗大小犹如门洞，利于出入。碉平面上无任何家具，仅有直通向上面三层的木楼梯。

图 7.32 部分采光的斗窗　　　　**图 7.33 碉房半圈的木围廊**

（三）庄房室内平面形式（土屋室内平面形式）

羌族庄房又名邛笼，是羌族传统碉的面积和空间、方向的扩大，也是功能增加与形式丰富的体现。羌族庄房是羌族人的称谓，有专家说："这种称谓有相对官寨、住宅两者的成分，但实质上隐含为农奴主、封建地主而耕种的庄客、庄户之住宅的意义，故官寨形同庄园。"[3]这种称谓也是对羌族民居的泛称，表明庄房是庄客和庄户久居的住宅，土司和封建主长久居住的建筑谓庄园。如果除去庭园，那就是形式和材料一致的住宅了，都采用土、石、木等建造，因此可称作庄房，只是两者在过去因地位、财富和阶级性质不同，故而给予明确的区分。但对建筑结构和建筑构造以及室内平面，它们大致是相同的，差别仅在于面积、功能、空间的增多，建筑形态变化更加丰富，室内外装饰又会多一些。就村落环境元素的建筑而言，本书的庄房既包含普通的、数量大的羌族民居，又包括个别的官寨住宅。对于单独的羌族官寨村落，它们中的住宅大多为碉房类型，既有庄房又有碉，而无碉的官寨少之又少。

庄房是指羌族人民单纯以居住、劳动、生活为主要功能的砌筑建筑（图 7.34）。它形似碉高度却远远低于碉，空间和面积都多于碉，可以说庄房源于碉，是碉的精致与简化的延伸

图 7.34 石块垒筑的羌族庄房

物。庄房平面形式均是源于羌族人生活需要和人口数量以及对气候方面的考虑，并结合地形而产生的，并不是由平面形式的文化性而决定的。庄房形式概括起来大致有"一"字形、"凹"字形、"凸"字形、"回"字形和"L"字形。这些形式源于羌族地区各种村落类型，是村民根据功能需求和经济状况，建筑所在的地形环境、自然气候情况而形成的，每种形式都有自己的优点和不足。碉使用的材料、结构、砌筑程序和艺术形式均适合庄房，甚至，室内环境设计和气候环境的要求上，庄房比碉更高。

1. "一"字形平面形式

顾名思义，"一"字形平面是羌族庄房室内平面呈现矩形的平面形式。平面生成的空间无任何转角，而是简洁的长方形。羌族庄房室内空间"一"字形平面形式分割明确，功能清晰，在羌族地区是运用较多的一种形式。它的施工难度不大，构造简单，造价经济，适应各种地形的室内平面分布与把控。室内采光较好，能接收太阳辐射直射，通风顺畅，温湿度容易控制，并且屋盖防雨，建造和铺盖也较容易。因此，从庄房室内的"一"字形平面形式来看，其优点突出，然而不足也有。平面生成的庄房造型无变化，其艺术形式欠缺，内部空间缺少穿插组合，显得无层次和主次，室内暗淡，通风不足，尤其是底层和人住的二层，室内环境潮湿，病菌繁殖，寒气加重，导致人的身体容易受寒，出现各种虚弱的病症，同时让人的视力逐渐下降，甚至长时间导致人的精神和心理出现问题。当然这一点在羌族人民的精神上并无明显反映，因为过去他们世世代代为了规避战乱和掠夺，采用厚重的石墙构建的庄房挡住了敌人的坚刃利器，以黑暗的室内环境掩藏住族人的身影，以封闭的空间保温弃寒，维持家人的生命。

"一"字形平面形式的家具与陈设均按照沿墙边角而摆设。这源于羌族人民的信仰和习俗以及节日活动，更是考虑室内外气候对人影响的需求。"一"字形平面的庄房共计3～5层，同碉房的庄房平面形式布局一致，底层是圈养家禽和堆放杂物的场所。平面空间划分相似，因地势条件差，房屋面积小。譬如茂县黑虎寨，庄房底层不圈养家禽，低层改成人生活的场所，其家禽的房间会在主房东面或南面外搭建，构成圈养家禽的平面，布瓦寨陈氏庄房就是这种做法（图7.35）。二层是住人的平面，平面被分成多个空间，主要以堂屋为主，周围的卧室是在堂屋的南向、东向、西向，也可以在北向。整楼层空间布局灵活，并无固定要求，只是面积上有大小。堂屋面积最大，常占整个二层平面的1/3左右，剩下的2/3为卧室[3]。家具布置依然沿室内墙角和墙边界，从入口位置面对墙角的角角神开始，由顺时针方向沿光线较暗的东北墙、北墙，相隔一段距离邻墙面倚放。据估计二、三层的光线较暗和留出足够的空间给予羌族人举行活动，角角神对面邻近北墙的墙边倚放凳子或者放入卧室的梯子。厨房放有家具、碗柜、壁架或窗口，在墙面的东端或南端墙角处放有水缸。墙上有入户门或者窗户，南墙和西南墙靠窗口的位置通常摆放桌子，上面放有面皮之类的食物。靠西墙和西北墙则倚放椅子、凳子，西墙或西北墙上通常有门进入卧室。堂屋室内中心对角线上的角角神朝另一端布置，有中心柱4根，旁边是火塘和厨灶，周围放置有长凳，这些物品一起组成平面的家具布局形式（图 7.36）。

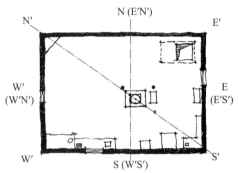

图 7.35 布瓦寨陈氏庄房

图 7.36 家具布局的平面形式

三层平面的房间堆放粮食和存放熏制的肉类，平面常常做成跑马廊形式（图 7.37），透空连接二楼通向四楼，便于二楼炊烟向室外扩散。该平面上不设隔断，开敞式的楼层净高低，相当于二层与四层的夹层，所以高度在 1.8m，内部环境昏暗。四层或五层均是存放粮食和衣服的房间，西南或东南向的卧室两间，面积大约 15m²。各间墙上有一扇窗，洞口尺寸小（0.3m×0.5m），室内光线好于下面三层，其余两间是放粮柜的贮藏室和放衣服、财物的房间，有些也把两间合并成一间，面积在 20m²左右。该楼层平面的最大特点是楼梯开口较大（图 7.38），不仅方便上下楼，更方便二层的烟雾通过此开口流向室外。五楼一般为平楼顶或坡屋顶，在海拔高的羌族地区或邻近藏族聚居区，庄房五层靠北的部分均建照楼，海拔低的多雨地区一般建坡屋顶，屋盖与墙体间有一段缝隙用来通风（图 7.39），如汶川羌锋寨、映秀镇和码头村的庄房。

图 7.37 跑马廊形式

图 7.38 楼梯开口

这种平面形式最大的气候特点是室内保温较好，受"一"字形平面形式生成长方体的建筑体形，较简洁，减小与外界空气接触的面积，能少带走墙面蓄热的温度，保持室内的热量，这是体形系数小和舒适的原因。同时，简洁的几何形平面有利于室内家具和陈设的布局，保证室内中心周围空间的顺畅使用，而不会在昏暗的环境中出现被家具和构件绊倒的危险。羌族人世世代代都习惯了这种空间的布局模式，空出的平面中心部分是预留的活动地方。笔者在实地调研中也发现居住在庄房的羌族人，无论男女老少，谁进入房间，其活动都轻松自如，但是笔者进入后看不清屋内的任何家具和通道。究其原因，羌族人说那是他们一入世就知道该怎么走了，哪个地方放什么东西，他们一清二楚，如果有东西放错，他们还是容易被绊倒的。[①] 在一些羌族庄房"一"字形平面的火塘上方常常能见到木梁下悬挂的火笼架（图7.40），它是由4根木质吊柱连接横向的木框架，木框架上面放有腊肉或其他肉类。火笼架是火塘的相关构件，其大小与火塘长宽相等，大约在 $1.0m \times 1.0m$ 见方，独高 $1.0m$ 左右。整个形体类似倒置的四方桌子，要除去桌子的桌面，剩下木框和多根横梁造就的形象。一般它被羌族人悬挂在离地面 $2m$ 左右的高度上，由杉木或桦木制作而成，其安装位置较适宜烟雾和气流经过，不会影响火塘周围的室内采光。

图7.39　屋顶与墙体间用于通风的缝隙

图7.40　木梁下悬挂的火笼架

2. "L"字形平面形式

羌族庄房室内平面形式呈"L"字形，是在"一"字形平面基础上增加了室内的面积，改变居住环境而形成的室内平面形式（图7.41）。一般这种平面形式都在东南向或西南向，南向的会增加一段转角近 $90°$ 的平面。个别庄房也会在"一"字形平面的中部靠某方向一端修建平面，形成延展的"L"字形，这种形式有"T"字形和"丁"字形的平面效果，这里把这两种形式归于"L"字形阐述。

"L"字形平面形式增加的一端平面部分常做成卧室，有些庄房底层是放杂物或圈养家禽的地方，譬如平武县徐塘乡海棠村中的庄房正是这种形式。这种平面形式的庄

---

① 在松潘县的双泉村调研中，当地李氏老人这样说；在茂县的黑虎寨调研中，刘氏老人的妻子也这样说。这种室内布局方式是羌族古人为生活而采用的合理设计形式。

房的优点在于人住的房间朝阳，能接收到太阳的辐射，部分卧室房间的光线会好一些，局部室内空间气温和室外气温会有些变化。其缺点在于室内气温会因为建筑体形的变化和表面积的增加而升高，建筑消耗的热能和资源就更多，产出的碳化物进一步增加，不利于自然环境的保护。因建筑从"一"字形多增加了一个转角的体形，室内空气流通将受影响，必然会对室外环境的风向和风速产生阻挡作用，夏季影响东南风向而形成局部旋流，在西南角和东南角形成末风，分别造成西南角多出的空间内外凉爽，东南角围成的空间无风又闷热的问题。

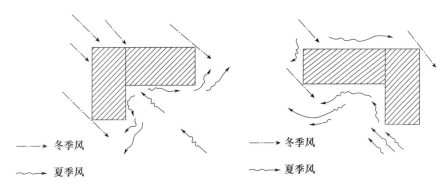

图 7.41　不同位置的羌族庄房室内平面呈现"L"字形

　　冬季气温则相反，从西北方向刮来的风，对西南角建筑室内部分有很好的保温措施，否则这部分墙面与空气接触太大，会影响室内环境的气温，导致寒冷加重，室内能源消耗更大，其另一部分因室内平均气温的下降，会造成耗能的增加。东南角的室内温度因建筑外墙面的面积小于西南角建筑室内部分，室内温度受到西北风的影响就小许多，因而室内外热环境要好许多。从风向来看，各有利弊，方向不同，影响的结果不一样，然而对整体气候的风向影响而言，都有不适宜温度的时候。从太阳辐射来看，墙体多增加一面，其接收的辐射热能就会多一部分，相对的是有一部分体量因遮挡会接收不到辐射的热，譬如西南角和东南角都会接收吹来的风。从早到晚的太阳辐射直射都会在拐角的内侧由两面近似直角的墙体形成明显的环境热辐射，造成室内外环境的空气温度升高。通常东墙角接收辐射要好于西墙角，然而在转角的内侧因风向和环境辐射的双重影响，这种优势大大降低，幸好羌族高海拔地区的庄房建筑均是石材砌筑，墙体较厚，窗口面积极小，窗和门洞小，这种环境热辐射对室内影响小，但对室外环境影响大。因此，羌族人民一般劳动回家之后，均习惯在室内待着，等太阳落山的一段时间或傍晚才到室外走动。如果"L"字形两侧部分增加不多，那么气候影响也不会太多。

　　"L"字形庄房室内平面形式有前后都增加平面的房屋，这种形式类似于"十"字形，但是出现这种情况的较少。其环境的微气候与"L"字形结果一致，室内平面布局和"一"字形相同，楼层也相似。增加的平面主要是卧室，每层有两三间，各卧室均用轻质的木墙隔断，空间分隔以墙上的窗户为依据，保证各间卧室都有一个采光通风的窗口，面积不大，在 $10\sim15m^2$，室内摆放 1.2m 或 1.5m 的床。过去的床十分质朴，仅仅就是木框架，上横搭木板，面铺各种干枯的秸秆等，现在均铺棉垫。床沿长墙面摆放，并无朝向要求。调研中发现床的对面一般为窗户，也有床头朝窗户这一面的布局方式，与床相对的位置，常摆放衣柜或者长凳，有些宽敞的卧室，经济条件较好的家庭会放置一张简易的桌子。从底楼到顶楼，各层房间分隔均不一样，这也是羌族庄房最明显的特点。有些楼层甚至还采用减柱法来解决空间小的问题。这类减柱法源于建筑结构是墙承重的缘故，也是羌族工匠根据经验判断使用的方法，同样在其他民族的传统建筑也有表现，比如，汉族传统建筑穿斗式的减柱法，藏族崩科建筑的减柱法等（图 7.42、图 7.43）。这种做法在羌族传统庄房中表现得比较突出，一般增加出来的这部分平面不设计和安装楼梯，上下楼层间只从"一"字形平面考虑，这也是"L"字形平面形式设计的特点之一。整个"L"字形室内环境较简单，较少的装饰均是实用的空间和家具。

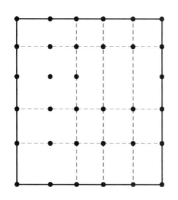

图 7.42　藏族崩科建筑平面减柱图示　　　　图 7.43　藏族崩科建筑

3."凹"字形平面形式

羌族传统建筑室内"凹"字形平面形式一般在海拔低的丘陵地区建造较多，如高海拔地区庄房经过扩建形成的平面形式。过去的官寨也会有这种平面形式。"凹"字形平面是在"一"字形平面和"L"字形平面基础上通过增加部分房间的使用面积而产生的结果。这种平面形式要求有更多平面生成，使室内空间比前两种大许多，室内耗能也会增加，对建筑墙体保暖、抗风、御寒，以及构件之间的工艺性及气密性要求也要高许多，由此这种平面形式及生成的建筑体形在高原和高山地区出现。

"凹"字形平面在"L"字形平面形式基础上又增加一端伸出的体形，多出的室内空间导致"一"字形的南立面或东立面均受到部分遮挡，太阳辐射很难长时间直射到该建筑立面上，室内接收到的光线和热量就会减少，较难让室内气温升高，使昼夜的堂屋和卧室等房间气温较低的问题出现。既使是伸出的两段不在南向而是反方向，是朝北面或西北、东北面，也会因墙体的面积增大，北面寒风影响更大，在阳光接收少的条件下，更会导致室内温度偏低的情况。而在低海拔地区，气压高，空气温度也高，相对湿度大，太阳辐射大的气候环境下，则需要夏天建筑之间的遮挡和减小太阳辐射对建筑东、西、南墙面长时间的直射，保证夏季室内低温度的需要。冬季由于太阳角度低的原因，一段时间的阳光照射依然能够满足羌族人居住的生活需要，这就是为适应地形环境和当地气候，羌族人民建设房屋室内平面，所产生"凹"字形平面的重要原因。

"凹"字形平面是在"一"字形平面的两端各增加一个部分，往往是多间卧室的平面。其布局是面朝阳光的东面或西南面，北面一般不开窗。增加部分的房间朝向差，多做储藏室，底层做杂物间和家禽圈养间的平面。低海拔地区地势相对高海拔地区平坦，陡坡少，缓坡多，建筑用地容易扩张，施工也较方便，对气候的适应性也能较好控制。地势低的丘陵地区，气候温和，常年无严寒，夏天辐射的强度和时间都不及高原高山地区。丘陵地区相对湿度大，该地区只要注意在夏天建筑和人畜空间的防晒需要就能满足人民使用和生活的需求，进而庄房平面多采用"凹"字形（图7.44），它正是具有防晒和扩大室内面积、防盗和自我保护的较好的平面形式。

"凹"字形室内平面某一端会有楼梯，这种楼梯较安全，它有踏面和踏高的规则楼梯，独木楼梯较少采用（图7.45），源于低海拔地区羌族人民经济条件较好，与汉族人民的交流，在建筑文化上相互学习，进而在庄房中出现固定楼层平面的标准楼梯。其宽度一般在0.6~1.0m，踏高0.16m，踏步深0.30m，楼梯道在西南向或南向，而东南向或东西大多是卧室，1~3层均如此。羌族低海拔地区的庄房一般都为两层，有时底层不住人，堆放一些闲置生产工具或者圈养家禽，甚至做卫生间。二层卧室平面分隔采用木质格栅墙，分隔的方式较自由，有数间卧室就会有多扇窗户，窗户面积要远远大于高海拔地区的建筑窗户，这是由低海拔地区的庄房室内环境需要更多通风的需要所决定的。庄房"一"字形的南北朝向，一层通常是堂屋或厨房，二者被石墙分离开来，如汶川羌锋寨王宅的平面做法正是这样的表现。也有合二为一的平面形式，它较为普遍，进入室内两侧或一侧，便是杂物间，通过标准楼梯或独木楼梯连接二楼。二楼平面大多是卧室，二、三层没有"一"字形平面和"L"字形平面中通烟雾的洞口，而是完整的平面，仅有上下楼梯口是漏空的，底层的烟雾通过该层紧靠厨灶墙面上的窗口排烟。以此同时，有些庄房会在土灶上安装铁皮管，连接到墙体上的洞口，排烟弃雾。这种形式应是现代羌族人进步的做法，而非传统房屋室内的排烟形式。

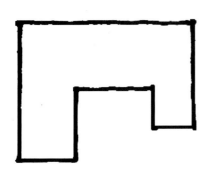

图7.44　"凹"字形平面形式

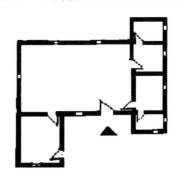

图7.45　一端伸出的"凹"字形平面形式

羌族传统室内排烟有两种方式：一种是从室内的三、四层通向楼顶的漏空排烟方法；另一种是通过墙体的北向或西向等上部，开洞口排烟雾的方法（图7.46）。

图7.46　排烟雾的洞口

一层平面布局依然遵循前面的几种平面形式，只是堂屋的火塘安置在中心柱与角角神之间，这应是当地羌族人受汉族文化影响，节约空间所致。二层楼面中心为主卧室，主卧室外侧为走廊，通过走廊连接孩子的卧室，其室内家具沿墙布局，走廊与伸出来的部分空间连通。另一侧也是同样的方式。羌族人在修建房屋时，考虑平面是从实用功能出发，把使用放在重点位置设计营造的，在不影响顺畅通行的前提下，室内留出人员的活动范围即可，设计也是合理的。三层基本上是楼顶平台，常做成两坡顶或单坡顶，其上用青瓦和石片铺盖，其他平台的平面做成晒台，晾晒谷物、玉米、辣椒之物。

茂县河心坝村寨陶宅位于一阶地上，属于半坡型村落中的庄房（图7.47），建筑前面是土坡，后面有一空地，房屋主人把空地开垦成菜地和果园，它面积不大，在 $10m^2$ 左右。建筑东南与西北朝向，平面变化后呈"凹"字形，西南端伸出一侧较长，大约在 4.8m，而东南端一侧较短，仅为 1m，是楼梯的宽度。该部分东北端也伸出部分平面，长达 3.0m。室内家具沿墙布局，低层横向"一"字形平面是堆放杂物和饲料以及制作加工的房间平面，其东北面房间依次为厨房、楼梯间，西南端依次平面为猪圈和卫生间。二层是横向一字形平面的堂屋，面积大约为 $50m^2$，西南角放置角角神、家具和陈设，对角线中心有 4 根中心柱，围成一方形空间。火塘布置于空间中并与墙平行，火坑位于地面上的一块石板，上放三角铁架，火坑中有柴灰，这是平日生火留下的灰土，也是"万年火"不灭的象征。火塘四周摆放木长凳，凳子一般较短，高度在 0.3m，长度为 1.2m 左右，长凳的凳面宽 0.16m，两端立面呈"八"字形分叉的木方脚，两木方脚以横向的拉梁固定木方脚不松动（图7.48）。羌族家家户户大多都有这种长条凳，这是他们重要的家具之一。堂屋的西北向为卧室一间，面积为 $15m^2$ 左右，南北方向摆放一张木床，大约 1.2m 宽，最北端放一张桌子。东北向是储藏粮食和财物的地方，面积为 $23m^2$，室内靠墙角地方堆放了一些杂物。在西南端有一间 $20m^2$ 左右的卧室，室内南北向摆放床，南墙的窗边下放着一张桌子和旁边的椅子，这是孩子住的房间。东南面为楼梯间，面积大约 $16m^2$，无家具，只是楼梯平台堆放一些生活杂物，三楼便是平屋顶。据主人介绍，这座传统建筑是"5·12"地震后翻建的庄房。

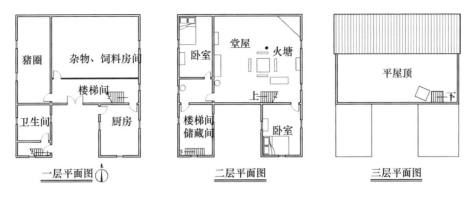

图 7.47　河心坝村陶氏"凹"字形庄房室内三层平面形式

4."回"字形平面形式

羌族传统庄房，"回"字形平面形式出现较少。它要求建筑平面在倒置的"凹"字形处建有房间平面，形成方形且中心有天井的"回"字形。这种建筑平面面积增加，体形面积也随之增加，室内耗能越来越大，采光也将受到相应影响，通风与保温将是考虑的重点。于是出现天井入口的横向建筑，类似于汉族"回"字形建筑平面增加倒座的部分（图 7.49）。这类平面形式的建筑常常是地势低，只修建一层的情形，使得"回"字形主体部分的"一"字形建筑主室的地势高于前面入口的平面部分，远看仿佛主体部分变成了它的二层。这样的形态完全解决了被遮挡和通风不畅、温度不降的问题，因此"回"字形平面的庄房一般过去都是有财富和地位的人建造的。

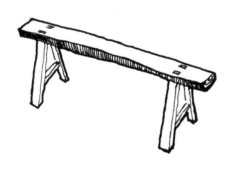

图 7.48　"八"字形的木方脚长凳

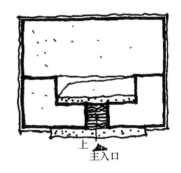

图 7.49　"回"字形平面

位于茂县王泰昌官寨的土司庄房是"回"字形平面的做法，建筑南北朝向，底层建于地势较低的台地上（图 7.50）。只有两间圈养家禽的房间和一间堆放木柴、杂物的房间。圈养家禽的两间室内面积要大一些，另一间面积小的为一层楼梯间，独木楼梯置于南北向。二层的室内平面是羌人居住的地方（图 7.51～图 7.53），此层为"回"字形平面，由顺时针方向分割室内空间，分别是南面门廊，面积较小，大约 $5m^2$，门廊连接的西面有一排整齐的三间卧室，面积大小不一，为 $20～45m^2$。室内家具布置同其他庄房无差别，只不过该卧室内有汉族地区的椅子和柜子摆放，它们被放在墙侧。北面是密室,是土司与下属商议行政事务的地方,该室内有一张桌子、两把椅子,东面3间分别是标准楼梯的房间。堂屋面积在 $60m^2$ 左右,其屋中心置火塘,火塘两侧各有一根中心柱,西南墙角是角角神,对角线一端是厨灶。从堂屋到主楼,必须经过西南角攀爬楼梯而上,堂屋中心的周围留有足够宽度的交通空间。该房间墙面上采用黄泥抹面,突出官宅的地位和室内环境装饰的要求,在堂屋南侧是商议事务的办公室,是二层最大的面积,约 $70m^2$。所有这些房间均围合在该层的中心位置,那是尺寸为 $4m \times 5m$ 的天井,它的西南侧有一楼梯。从门廊上三层,在楼层相应的平面布局上是书楼,室内放有书桌和椅子,它面向天井,书楼西墙上开一洞,大小为 $6m \times 1.7m$,是进入西面过厅的房门。其内家具极少,只有一个长凳和上下楼层的楼梯、楼层平面的开口。

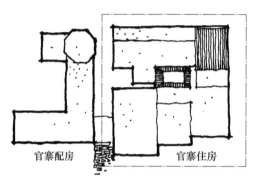

图 7.50　王泰昌官寨庄房的部分俯视图

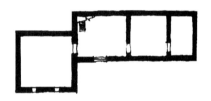

图 7.51　官寨庄房底层的平面图

图 7.52　官寨庄房二层的平面图

图 7.53　官寨庄房三层的平面图

　　过厅两侧分别可到北侧的卧室,东向三间房屋平面依然是卧室和楼梯间,其中带有阳台的卧室最有特点,其室内面积较大,为 $60m^2$ 左右,被木质隔墙平分成两空间,北侧是睡觉的空间,西南侧是做针线活的空间,有门与阳台连接,室内东南角放有编织布料的工具,西南角有上下用的楼梯。四层平面发生了变化(图 7.54),其东南侧的部分平面取消了该层的平台和楼道。三层书楼上面的四层依然是书房,其西侧三间的平面与三层北侧平面是一样的，仅仅在东侧不同，原来的楼梯间和卧室变成了储藏粮食和财物的房间。天井位置和空间依然没有变化，它同二、三层大小一致。五层只剩下西侧和北侧的少部分房间，分别是西侧的照楼和楼梯间、北侧西间的储藏室，室内现均无家具，只是放些粮食，其余部分是晒台（图7.55）。在顶楼的北侧是与五楼相同的空间平面，为储藏间。

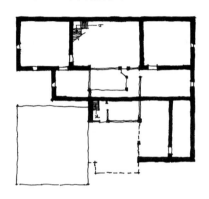

图7.54　官寨庄房四层的平面图

图7.55　官寨庄房顶层晒台透视图

理县杂谷脑河岸的桑梓寨土司庄房，也是这种建筑平面形式。该庄房主人是一位藏族土司，所辖区域有羌族和藏族，建筑地处羌族区域，建筑分为三层，其上有少部分藏族装饰图案，其他平面和构造布局均源于羌族的文化。该建筑东西朝向，依山势而建，最北侧是地势低的一些辅助房间，为杂役间。"回"字形平面两侧均为卧室，向天井开门，窗户各有一扇，大小与王泰昌官寨相似。最西侧的房屋从北到南布置面积较大的堂屋，面积为40m²左右，西南墙角是角角神，沿着对角轴线的东北墙面开门并连接室内的七步台阶到地势低的过厅。堂屋平面中心有一根中心柱，中心柱西侧平行墙面有火塘，还有做饭的厨灶，倚靠在东墙的家具是水缸、碗柜、桌子。堂屋室内地面平整，为夯土面，它的南向依次是卧室一间和杂物间一间，以及最西南的卫生间；二层"回"字形东侧的平面部分全部是屋顶，只有西侧"一"字形有房间，它们分别是北侧的楼梯间，以及存粮和熏肉间。一层在火塘位置开有一个1.0m×1.0m见方的烟道，通向三层楼顶，用于排油烟。南侧是卧室和书楼小姐房，室内东西朝向，倚靠西墙摆放一张床和一张桌子、柜子。最西侧是杂役单独用的厨房，也有厨灶和火塘，无中心柱。从其布局可以看出，过去羌族地区的封建农奴时代，无论是羌族贵族还是该地区的藏族贵族以及农奴，对火塘文化都是信仰的。三层西侧有卧室和照楼、晒台。诸如此类的还有茂县黑虎寨杨氏将军宅，它们虽然地点不同，建筑形态有所差别，但是在平面布局上是相似的。

通过对比两者，均能发现"回"字形平面形式。建筑为了获得较好的光线和风向，都是北向、西向的楼层高，而南向和东向楼层低、房屋少。室内平面布局无论是王泰昌官宅，还是桑梓官宅，其角角神均是西南朝向，火塘和厨灶中心柱基本都在对

173

角线上，室内的采光来自天井的方向。目前对传统庄房的"回"字形平面形式的调研，在普通村宅极少见到，只在官宅中出现过。

（四）阪屋室内平面形式

海拔低的北川、平武等羌族地域，以丘陵地形为主，河流及小的支流众多，气候温和湿润，太阳辐射强度小，风速不及高海拔地区，于是生活在这两个县域的羌族古人在学习当地原始居民和汉族人的建筑结构、材料、形式上，逐渐也建造了适应当地气候的干栏式建筑形式，掌握穿斗式结构的搭建方法，并在结合土、石、木、竹等材料方面制作了围护和承重的体系结构，从干栏式拓展出来的吊脚楼形式的阪屋，创造有别于四川汉族地区传统穿斗式结构的民居形式（图7.56）。《中国羌族建筑》一书中阐述阪屋"其形态特征是人字顶两坡斜面屋顶，内为穿斗木构框架。围护以木板，下外圈以石砌墙体，若去掉墙体裸露出内部，则干栏昭然白日。"[3]谭继和在《氐·氐与巢文化》一文中说："其实板字为陇阪之阪，阪屋就是杆栏""是岷江河谷直至成都平原的土著创造的干栏楼居文化"[76]。指的就是由木柱与穿枋构建的承重架网，其他部分的石、土材料墙不做支撑，只做围护。在由地面柱网升起楼层作为家人居住空间，柱网地面层为养殖牲畜的场地，而北川之地往往采用石墙围合，平武之地常做漏空，部分在阶地上，部分悬于空中的木柱网架上，这种形式被称作吊脚楼样式的阪屋（图7.57）。它们都与地形结合，适应当地气候，创造出夏凉冬暖的舒适感，达到使居住环境舒适的目的。

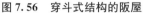

图7.56　穿斗式结构的阪屋　　　　　图7.57　吊脚楼样式的阪屋

阪屋质轻，结构与围护分离，类似现代建筑的框架结构形式，因此它具有较好的适宜丘陵、半山型等不平整地形的能力，有明显的抗震性，但是当建筑达到三层高度时，其抗震的能力下降。"5·12"汶川地震中平武和北川民居，据统计倒塌多数是多层或高层的建筑，包括传统的阪屋和现代框架砌体结构的房屋。阪屋适合夏天天气热、空气湿度大、风速低、风小、降雨多、太阳辐射强度低的地方，而平武和北川地区正是这样的气候特点，这两个县域的地形是高山峡谷过渡到成都平原的丘陵地带，海拔相对较低，均在1000m上下，那里太阳辐射强度要低于茂县、松潘、理县等地域。在2019年7月7日15：00—15：15，以不同地域做对比，茂县的四瓦村四组海拔为2800m，太阳辐射强度是384W/m²，室外空气温度为21℃，风速为1.2m/s，相对湿度为47.3%，而平武的锁江乡水口村麻湾组海拔为940m，太阳辐射强度为83W/m²，室外温度为29℃，风速为0.9m/s，相对湿度为61.5%。两村测量采用的仪器相同，这些参数值初步表明平武地域需要通风好、除湿佳、防雨的民居建筑，起到夏天降温、冬天防湿的要求。从两地对比看，阪屋平面全部架空或部分架空的形式，方便通风，气流能穿过二层楼板缝隙进入室内空间，带走室内闷热潮湿的空气，再从屋顶盖瓦之间的缝隙中排出，降低了室内温度，保持舒适的空间气候环境。冬天因风力小，室外温度低，均为1~6℃，所以由地面进入的风极少，从而对室内温度的影响较小。反而由于空气湿度大，室内需要太阳辐射增加它的温度，并蒸发空气中多余的湿气，进而使阪屋墙体采用较多的木板和竹编抹泥的材料，它们有通风、透气、除湿的功能。阪屋屋盖的挑檐短，既保证了夏、冬季的遮雨，又保持了冬季太阳辐射直射到室内的堂屋。

阪屋一般二层、三层的较少，地面一层常常做杂物间，是圈养家禽的地方，平面有猪圈、羊圈、鸡圈等，建筑偏房处另建卫生间。二层是人住的楼层平面，室外有庭院。室内有堂屋，面积较大，占整个楼面的1/5或1/3。两侧分别是侧屋，依据汉族房间位置类似于"次间"[①]，通常是卧室和贮藏间，靠西北间或东北间做厨房。如果房间需要扩大面积，羌族人常在侧房尽头加转角90°垂直于主室的厢房，作为卧室（图7.58）。这些房间相对于高原高山峡谷的庄房，室内面积多许多。这种情况主要由地形条件、气候环境和建筑结构，以及当地羌族人生活习惯的更多功能要求确定。屋顶以两坡顶和四坡顶为主，也有少部分是平屋顶。屋盖铺青瓦，采用前后一端上下依次叠置，也有屋盖用石片铺叠的，其方式和青瓦一致，并且屋盖深、屋檐长。平顶同庄房、碉房相同，均用泥土铺盖（雨量少的地方）。

图 7.58　阪屋的厢房

---

① 中国古代建筑空间的名称。古建筑单体平面布局中位于明间的两侧，且在两梢间之间的房间

阪屋的平面形式有"一"字形、"L"字形和"凹"字形，但是采用"L"字形最盛，仿佛家家户户都采用这种形式，也有"一"字形的，"凹"字形的最少。这三种平面形式与庄房的平面形式几乎相同，但它们的功能空间不同，分布于室内的家具陈设布局也不同，这里分别进行阐述。

1. 阪屋的"一"字形平面形式

"一"字形平面形式的阪屋为南北朝向或东南与西北朝向，也有极个别的阪屋因为地形和气候缘故呈现东西朝向（图7.59）。由于海拔低的这些地方气候温和，太阳辐射弱，风小，年温湿度变化小，致使出现个例的建筑不考虑朝向的情况。"一"字形平面的阪屋室内南向，室外有宽阔的庭院，院子三面由自然地形形成，如坡地、阶地、土坎、植物或田地等。室内平面中心位置为堂屋，为长方形。室内正对门的东北角倚放角角神，角角神前面的对角线上放置火塘，这个位置不同于庄房。庄房的火塘一般离角角神距离较远，而阪屋内两者距离较近。这表明它的堂屋，功能增多了，是充分利用空间的结果，既有"万年火"的象征，又不会影响各自的实用功能。远离对角线且位于室内空间的中心位置便是中心柱，中心柱的南方向，靠门的位置有椅子和桌子，它们围合成一个休闲的交流空间，其对面东西倚墙处放有柜子和生产工具。中间留出来的空间便有门厅和客厅的意义，火塘的空间成为举办活动的场所。

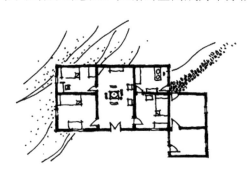

图7.59 "一"字形平面的阪屋

堂屋的西侧开着两扇门为卧室，两卧室面积都不大，一般为15m²。屋内南北向的床沿长墙摆放，室内倚墙放柜子，个别卧室沿窗放置桌子和凳子，摆放的位置不固定。卧室是悬挑出坡面的，下面是坎，其下地上作为堆放玉米秆、柴火、树干的地方，也有人将其围成圈舍，用于养殖。堂屋的东侧为贮藏间（图7.60），卧室东北角为厨房，这一点完全不同于庄房和碉房的布局。卧室家具的布局与西间卧室相同，贮藏间常常存放粮食、财物等。厨房的室内平面布局，如汉族山区建造方式，东北角有厨灶，旁边有水缸和碗柜、桌子，东墙上开后门，便于家人进屋抱柴或取水，以及菜园里挖菜。厨房面积小，大约10m²，家庭的卫生间一般单独建造并离主房一段距离，要求不在卧室一侧，或在室内看不见的地方修建。譬如平武县锁江乡水口村的住宅便是这种形式（图7.61）。

图 7.60　阪屋的室内环境

图 7.61　水口村的阪屋形态

2. 阪屋的"L"字形平面形式

阪屋"L"字形平面形式有两种：一种是一端面向"一"字形阳面的形式，即正立面（图 7.62）；另一种是一段向"一"字形阴面（背立面）方向延展的平面形式（图 7.63）。"L"字形平面既可以在"一"字形东侧增加垂直的"一"字形平面，也可以在西侧增加"一"字形平面。这些形式源于当地工匠和村民根据建筑所处地气候条件的光照和风向、降雨、温湿度以及地形而定。譬如门不对风口，门、窗不对河流，建筑正面要面对太阳和开敞的空间，微气候环境保持温和、冷热，温度变化不能大等的建房要诀。"L"字形平面形式应是阪屋主要的建筑平面形式，其平面功能布局同"一"字形相似，只有小部分功能不同，"L"字形平面是在"一"字形平面功能空间上增加卧室和贮藏间。因此，其两个方向交界处的空间常常做独立的厨房和餐厅、储藏室之用，增加的"一"字形平面升起的空间却变成卧室或杂物间。

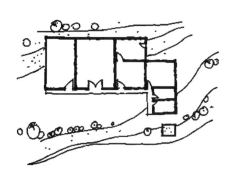
图 7.62　正立面"L"字形的阪屋平面

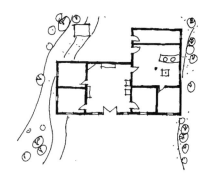
图 7.63　背立面"L"字形的阪屋平面

西侧的卧室位置不变，或者两间合成一间的卧室平面，堂屋位于汉屋明间的位置，它的大小一般不变，东侧次间的厨房不变，仅卧室变成贮藏间，存放粮食、蔬菜、肉类之物，或者作为餐间，靠东南面墙角处摆放一张桌子，其他两边放条凳。桌子一般不靠墙，位于房间中心，四边都放长凳。这种摆放形式由羌族人的使用习惯和人口数量而定。扩增来的"一"字形平面形式，一般从原"一"字形南墙增建或修建，部分从原"一"字形北墙修至一字形南端，少量从原"一"字形平面中轴线开始修建至南端。增加的部分从北到南的房间平面，部分采用木柱和木梁榫卯并架于空中，形成吊脚楼的形式，也是干栏式的一种形式（图 7.64）。北面房间为孩子卧室，室内放床，大约 1.0m，顺长墙边倚靠而放，头朝窗户较多，靠窗户一侧放一张桌子和多张凳子，而短墙这一侧放柜子和别的架子，最南端的房间平面也为次卧室，家具放置方式同孩子卧室，南侧卧室的南面常有走廊，以木栏杆同这一侧房间入口的走廊构成围栏，具有看东面场景的作用，又有晾晒衣服等物件的功能，甚至家人也可倚坐在栏杆处，看窗外的景色。如果起居住作用的房间多，这个房间也常作为堆放杂物的地方。楼下底层是圈养家禽如猪、羊、鸡等的场所（图 7.65），旁边不远处会修建面积为 5m² 的卫生间，北川羌族自治县马槽乡花桥村阪屋正是这样的平面形式（图 7.66）。

图 7.64 干栏式的阪屋形态

图 7.65 圈养家禽的底层场所

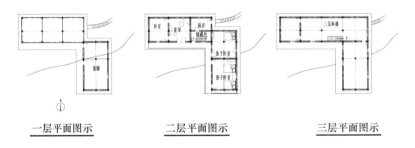

一层平面图示　　　　二层平面图示　　　　三层平面图示

图 7.66 马槽乡花桥村阪屋的各层平面形式

3. 阪屋的"凹"字形平面形式

传统阪屋出现较少的凹字形平面形式，大部分是现代的平面形式，或者是新建的阪屋形式。因旅游业发展，许多传统阪屋无法满足游客的居住，由此在传统"一"字形阪屋平面和"L"字形阪屋平面的另一端扩建而成的"凹"字形平面形式，这样即增加建筑面积容纳更多的游客入住（图 7.67）；少部分是因人口增加、生活劳动的需要而扩建成的形式。无论是哪一种情况，其室内平面的家具布局都是一致的，只因各种条件不同，会产生不一样的布局形式。"凹"字形平面形式最大的优点在于它增加了建筑面积，而且它能增加室外庭院的限定作用，让人心理有一种围合感与私密性。

由此，一些"凹"字形阪屋在两端凸出的地方用围墙连接，从而该形式衍生成四合院的建筑平面形式（图 7.68）。譬如北川新建的吉娜羌寨、擂鼓镇的盖头村等均是这样的情况。

图 7.67　游客入住的"凹"字形阪屋形态

图 7.68　四合院形式的阪屋

阪屋室内环境设计较为简洁，虽比庄房和碉房整洁平滑一些，工艺性体现得多一些，凸显建筑实用的木格栅构件形式，"回"字形的装饰构件和墙面图腾的纹样，然而总体来看，因装饰纹样和图案色彩较少，阪屋的室内外环境设计略显质朴。阪屋地面一般由夯土和木板组合，位于地上的室内地面是夯土，架于空中的室内地面为木板、树干、树枝或石块，再铺垫泥土面。这样的地面具有一定的平整性，但硬度、整洁、装饰性不如石材和木板。墙面往往是土、石、木结合的材料，所用的材料依据建筑墙面朝向而定，朝阳的墙面常用木板做墙，并嵌于木柱之间。木墙上造 0.5m×0.7m 大小的窗，采用"回"字形和木格栅构造而成。墙上的平板门通常大小为 0.8m×2.0m，但是堂屋的门较宽，多为 1.2m×2.0m，而该门上贴有门神，具有装饰和信仰的意义。平面的北墙和山墙的修建均采用土石结合的方式，只有"L"形南侧的山墙，当地人会采用木板建造，墙上有窗和木质壁柱，整个木墙如同朝阳的立面墙的构造形式。建筑屋顶受汉族地区的影响，均采用青瓦片铺盖，只有在地势高的地方当地人才会用青石片铺盖（图 7.69）。

图 7.69　青石片铺盖的阪屋

二、羌族传统建筑立面形式

羌族传统村落环境元素的庄房、碉房、碉、阪屋是最重要的元素，它们体量大，形式固定，在不同的地方出现，又是体现人类智慧和财富的代表，更是自然环境中的主角，因此对其正立面和侧立面分析将是一个了解羌族传统村落环境室外空间形态和建筑形态的重点。本节依据羌族传统四类建筑的正、侧立面形式进行简要的分析。

（一）碉立面形式

碉是羌族传统村落环境极其鲜明的环境元素，是古老的羌族建筑。据相关资料显示，汶川县有14座，理县有6座，茂县最多，完整的有17座，黑水县仅有1座，松潘县有小部分残留。碉在汶川、理县、茂县最多，总计30余座[78]，它们分布于各个乡村。土筑碉大约5座，主要位于布瓦寨，其余的均为石筑碉。碉立面形式源于平面形式，目前知道的有四边形、五边形、六边形、八边形、十边形、十二边形和十三边形，这些规则的多边形平面升高成立体的碉时，也有了规则的立体形式。羌族人受当地材料和自然山形的启发，结合当地恶劣的气候和险峻的地势，在多风盛雨、外力与地震的影响下，要让碉坚固以确保人和牲畜的平安，为此无论平面还是多边形的碉，其正、侧立面形式都是一样的，呈下宽上窄收分的梯形形式（图7.70）。其立面形式根据碉的用途分为家碉、哨碉、战备碉、寨碉、风水碉等。它们立面上的窗口位置和数量各不一样，当然门的开启方向也不一致。一般家碉，临近房屋而建，体形矮小，窗口较少，在每一层开启1~3个洞口，底层少开。通常家碉在二层以上开洞口，每层洞口位置距离楼面不高，为1.0m左右。洞口尺寸大，通常为0.5m×0.7m。门洞开启在阳面，大小为0.6m×1.6m，由三台阶连接洞门。譬如，汶川县布瓦寨的大布瓦村的刘氏家碉，其碉由土夯筑而成（图7.71），高约20m，宽4.5m，长4.5m。碉立面为梯形，上下收分，尺寸差0.3m左右。远看碉十分雄伟，建筑上窗洞不多，只在正立面上见到5个窗口。从二层开始每层一个洞口在立面中轴线上，屋顶为半坡顶。

图7.70　羌族碉的形式

图7.71　布瓦村刘氏家碉

如果是哨碉、战备碉、寨碉（标志性碉）等，它们立面形态不变，碉高而细，高度常常为10~30m。资料显示，位于汶川县草坡乡码头村的碉高度已达到31.7m，长、宽各6.7m，理县的营盘街碉为清代营造，8.5m见方，高度为32m。它们的立面上窗口多，单个洞口尺寸小，尺寸大约为0.2m×0.3m，几乎每层各个立面都有2个左右的窗洞。个别碉在一层也会有洞口，譬如汶川羌锋寨中的寨碉就有这些洞口（图 7.72），这些碉的门洞常开在二层，尺寸为 1.6m×0.8m。风水碉相对其他碉立面上的洞口少许多，洞口尺寸也较随意，一般是在顶上 2~3 层的各立面中轴线上开一个 0.3m 见方的洞口，底层、二层开门洞，1.6m×0.6m 大小。

图 7.72　羌锋寨的寨碉

（二）碉房立面形式

碉房是供羌族人民世代居住、生活、劳动、防御和发展的重要环境元素，其室内功能众多，因此它的立面形式较有变化，形式也各异。碉房立面分为向阳的正立面形式、两山墙的侧立形式，以及宅后的背立面形式（阴立面）。碉房正立面是庄房立面与碉立面的混合体，受各种碉房平面形式的功能影响，其立面都充分反映出来。立面常常呈现一高一矮、一胖一瘦，体量大的和体型小的结合形式（图 7.73）。整体外形如同碉，由下而上收分，呈梯形，3~5 层，而碉 5~11 层左右，两个立面拼合在一起，像兄弟一般。立面上主门为木板门和单扇门，总大小为 1.2m×1.8m 和 0.8m×1.6m，这种门称作户门。进入户门后，有 10 步左右的台阶，直通二层。门板的上半部分贴有门神 1~2 张，有门把手（图 7.74），门边中心线位置各 1 个，该构件较有特点。它是一根能动的在门外闩门的部件，形状呈 "L" 形，门外雕刻的横轴穿过预留的门洞，与横轴垂直的门闩部分在门内，另一扇门内的门边中心线位置固定一个剖面呈 "U" 字形的部件（图 7.75），当房屋主人出门劳作时，他们在门外转动门把手将其门闩嵌在 "U" 字形的空隙中，即为固定上门闩，并锁住了门。

图 7.73　羌族碉房景象

图 7.74　羌族木质门把手

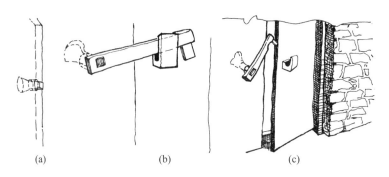

图 7.75　羌族门把手工作示意图

(a) 门把手轴；(b) 门把手的门闩嵌在"U"字形构件；(c) 门把手与门开关的关系图

除此之外，单扇门的内锁是在门洞一侧的墙中心处，建房时预留出一个长、宽为 0.15m×0.20m 的壁龛，该壁龛不穿过墙，在龛内与门内固定一根粗壮的门闩，人可以左右移动（图 7.76）。当出门时，羌族人会把手放进墙龛内，推移门闩，门闩穿过门内的构件"U"字形缝中，既锁住了门，也有的门闩穿过整个门内，到达对面的门洞中，但这种做法不普遍，笔者推测是因为制作工艺要求高一些，当然人操作这样的门闩也有些困难，并且在传统羌族人民心中也不需要。由于羌族人民过去生活十分困难，缺衣少粮，家里除一些家禽外，也无贵重东西，偷盗之事也较少，同时羌族村落的村民相互依赖、帮助，又少有外人来往，生活环境封闭，无财力用铁或铜锁锁门，只有当时的土司和头领才有条件使用这些金属门锁。

门楣过梁上建有遮雨篷，雨篷常用挑檐式，篷面用石块或青瓦片铺盖（图 7.77），上面也用土铺盖的，特别是高的碉房立面上不做遮雨篷，尽显门的形式。其上到二层立面位置建有窗口，大小在 0.3m×0.5m 和 0.15m×0.15m 和 0.2m×0.2m，尺寸大的主要用于采光，小的以通风排烟气为主，让室内环境洁净卫生。三层设有阳台，个别悬挑出立面部分，常为 0.6m 左右的宽度，譬如茂县黑虎寨王氏家中的碉就是这种形式。羌族碉的窗户形式一般都是竖条木框，不做图案花纹装饰，只在经济条件好的地方，碉房窗户会有一些图形，如理县的桃坪村落中的宅屋窗户会有这些形式。如果碉房是平屋顶，立面顶上常用石板压女儿墙收尾，是人字顶就以屋檐收尾。碉房的碉墙做法如前面的单独碉一样。

图 7.76　羌族建筑门洞内的内锁状况

图 7.77　青瓦片铺盖的羌族碉房遮雨篷

羌族传统建筑的侧墙一般有两种：一种是山墙，另一种是梯形的侧墙（图 7.78、图 7.79）。这两种墙的外形仍然是梯形，只因碉位置缘故，其立面形式会发生变化，然而总体看来均是"h"字形，立面上一般会在顶层或二层开门洞。低层的门供家禽进出，尺寸大小在 0.6m×1.5m；二层开门洞是供人用的，起连接室内厨房或堂屋的作用，其大小为 0.8m×1.6m，采用木板门。墙上开窗数量较少，每层在 2 个左右，大小为 0.3m×0.2m，不做木框，较多采用斗口窗。这样既有采光又有通风的作用，当然光照对室内并不是十分充足（图 7.80）。三层也会有 1 个窗口，尺寸会更小，侧面墙上的窗口显得较少，当与庄房共用一面墙时，其侧立面墙顶端会开一小窗，形式如碉房的三层。窗口的主要作用为采光，其次为避风和防御。碉房另一侧立面形式的做法基本上相同，仅有洞口数量的差异，一般西侧窗口少，洞口尺寸也小，而背立面（阴立面）形如正立面形式，墙立面平整，不做遮雨篷和窗口，仅仅在墙顶处安装一根挑出墙面的排雨槽（用挖去木杆中间部分的材料，剩下的凹槽便成为雨水泄流的水槽，有的地方用剖开的竹筒替代）。使用这种排雨槽在建筑上十分普遍，譬如河西寨的张姓碉房和黑虎寨王姓碉，它们的各个立面正是这样的表现。

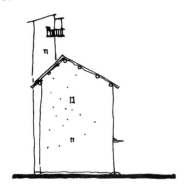 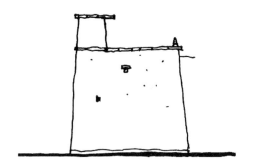

图 7.78　羌族传统建筑山墙　　　　　　图 7.79　羌族传统建筑梯形侧墙

图 7.80　羌族斗口窗的采光

（三）庄房立面形式

羌族传统村落环境的庄房立面形式呈梯形，其立面上的各个构件同碉房几乎一样，无明显区别，差别仅在外形上，碉房有碉，而庄房没有，于是庄房立面大多出现以功能为主的悬挑形式和阶梯形式（图7.81），如在正立面悬挑阳台或走廊，整个庄房侧立面出现层层增高的阶梯状。这些形式均是因室内热环境和房屋面积的需要而形成的。

羌族庄房室内环境是解决羌族人民生活劳动和发展的场所，因此，舒适、适用、方便、健康是该房屋的重点，至于防御则是碉和碉房的职责。因而庄房正立面墙上表现丰富，有三层凹进的晒台和平台，挑出部分的阳台。墙上窗口尺寸较统一，均为0.4m×0.6m，位置整齐划一。底层的门洞较宽敞，为0.9m×1.5m，为圈养牲畜之地，屋顶有女儿墙。三层室内有一步到三步台阶或更多，墙面开1.2m×1.7m的门洞，门洞上的过梁清晰可见，上有遮雨篷，形式和构造、材料均与碉房相似。三层之上宽敞的平台，是羌族人交流、劳动的地方，还有悬挑出墙面的雨水槽。四层是高出照楼立面的，大部分是木板或泥土筑成的屋顶。墙面上有木框窗口，大小同正立面。另一侧立面常在每层卧室墙面开窗口，它的大小和做法均相同，也有不一样的——采用小洞口形式。背立面整齐无任何窗洞，譬如茂县龙潭寨中的余姓庄房，建筑就是这种立面形式。

建筑总计四层，位于阶地之上，在偏隅村落环境的东侧，南北朝向，主入口在东侧墙立面的二层。其正立面墙上的底层有两道门，它们大小相等，尺寸为0.6m×1.5m，门的构造和材料一目了然，不加修饰（图7.82），十分真实的材质表现。二层东南角外挑出宽度0.6m，长3.6m左右的木构造阳台，呈现竖挑围栏，阳台顶上有遮阳篷，为片石铺盖。其墙中心有一道门，大小在0.6m×1.6m，它连接着室内堂屋。西南角有高窗一扇，三楼上相应位置也有大小形状一样的窗户，在窗户之上有一根悬挑近2m的雨水槽。东侧墙在二层处开设一道户门，大小为1.0m×1.7m，其上无遮雨篷，墙面靠女儿墙顶部有一洞口，其他再无任何窗户。西墙立面的二层开设两个窗户，大小同正立面，两窗户间距1.9m。三层西北位置与二层窗户相应处开设有一小窗，尺寸为0.2m×0.3m，背立面墙整齐无任何构件。诸如此类的还有许多，同村的庄房耿宅，桃坪羌寨的周家庄房、杨家庄房都是这样。

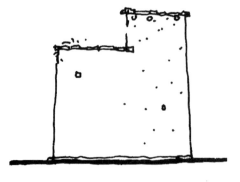

图7.81　羌族庄房立面形式

图7.82　羌族庄房的门

其实庄房立面最有特点之处在于两端位于墙角（图 7.83），墙面呈向内弯的弧形，有一种向墙中轴线的地上内倾的趋向，两边墙角向上仰起。这种外墙内倾而内墙部分垂直的做法是羌族部分庄房和少量碉房砌体结构采用的重要方法。这种向内倾斜，让墙体的石块之间挤压增大，形成类似拱桥的力学特征。建筑砌筑石块逐渐向内收 1cm 左右，造成石块的重力会沿墙体倾斜面分解成切向力和法向力，而切向力会把力传递给相邻的石块，使石块之间从左到右，再到多个方向紧密地联系在一起。同时，法向力又从上至下传递，抵消了两墙角的内倾推力，分散了墙角的受力，这样的构筑立面形式使墙面与墙角的沉降达到高度的一致，起到较好的节材、节能、节工的可持续效用。据调查，2008 年汶川大地震后，有这样的立面形式且内倾弧度较大的房屋较少倒塌，而墙体收分和内倾不明显的建筑则较多垮塌。

图 7.83　庄房立面两端的墙角

（四）阪屋立面形式

羌族传统阪屋正立面形式通常因地方不同大致分为两种：一种是北川和平武的由木板和竹编成的围护体与少量土墙结合的阪屋，称作吊脚式阪屋（图 7.84、图 7.85）；另一种是汶川绵虒乡一带的土石和木板结合的阪屋，称为普通的阪屋（图 7.86、图 7.87）。两种阪屋结构相似，只是室内功能空间和围护材料及楼层不同。北川和平武县域的阪屋更多的是吊脚楼的立面形式，因室内环境通风的需要，两坡屋顶抬高，其屋盖下面的阁楼墙体上的部分是漏空的，便于晚上室外的河风穿过室内上部，带走一些室内下部分的热空气，尽可能在室内形成穿堂风，同时白天阁楼成为阻挡屋盖热辐射的隔热层，由此阪屋具有很强的适应气候的作用。当然，抬高地面的二层，其底层漏空部分也具有相同的通风降温效用。

图 7.84　北川羌族阪屋的立面形式

图 7.85　平武羌族阪屋的立面形式

图 7.86　汶川的阪屋立面形式　　　　图 7.87　阪屋的侧立面形式

吊脚式阪屋为两层，人住的部分为二层，从远处看去，建筑仿佛只有一层。其实底层是架起来的，位于地面下方，很容易被场地平面和植物所遮挡。阪屋正立面呈矩形，由墙面和屋盖组成。墙面由两种围护材料构成，下半部为地面上的砖墙或石墙，上半部架于梁柱下面是漏空的，为木板墙。立面呈三开间，中间是堂屋的大门，宽度为 1.2m×2.0m，大门两侧各一扇窗户，是对称的，其门框上部为木圈梁，圈梁上与门对应的位置做与门宽度一致的窗户。堂屋立面开间大约 3.6m，是向内收的，其内收深度在 1.0m 左右，同两边房间的墙立面比较，便能发现它内收的部分正好成为过渡的门厅空间，也可以说是灰空间。堂屋两侧墙立面分别是一个尺寸的开间，其中心位置高 0.9m 处的墙前也做栏杆似的围廊，一直延伸到侧立面部分，形成围廊的效果。墙立面的木柱一清二楚，当地人习惯采用赭红色的木柱、木构件与木墙。其他墙体采用白灰粉刷，立面看上去非常生动且具有装饰和美化效果。二层两侧穿枋以上的墙板全是刷清漆的木板，这部分是阁楼的墙，之上便是穿枋，其上就是通气的空隙；另一部分正立面墙的次间东墙也有与堂屋一起退后呈现内收的形式，从而形成走廊能到达阪屋的北面。二层正立面的堂屋前，一般较地平面高出 0.5m，因此，当地人多在堂屋位置做三步或五步台阶，台阶前是开阔的庭院，院子大小视场地而定，一般为 10m² 左右。

侧立面墙是山墙形式，由多根高大的通柱和中间柱承载着屋顶上的木檩。它们距离均匀，为 1.5～2.1m。这些柱子由二层的穿枋和阁楼的枋条连接固定。山墙顶部又有两道枋条连接（图 7.88），把立起来的几十根木柱紧紧地锁住成整体构架，成为高而宽的空间。通常在侧立面的南墙上窗户较多，有 2 扇的也有 4～5 扇的，甚至在山墙顶面有雕花漏空的花窗，它们是室内外通风的窗口。山墙上的木柱依然为赭红色，当地人又称它为"猪肝色"。木板墙粉刷白石灰，而阁楼部分的木板刷清漆，颜色和正立面一致，这样能让建筑整体统一。侧立面墙有一个特别的地方就是底层，它真正体现出吊脚式阪屋的特点。该层三面全是通透的空间，并在柱与柱之间修 1.0m 高的围栏，下面圈养畜禽。这里通风而敞亮，立面上只能见到立柱和围栏，看不到任何墙体。屋顶的"人"字形屋檐板挡住了内部各个构件，如檩、椽，这样让两坡顶显得整齐美观。顶面铺盖青瓦片，在坡顶交接的屋脊处是三角形悬鱼板（图7.89），它起固定两屋檐板的作用，显得结实又好看。譬如绵阳市平武县的锁江乡水口村、麻湾组的刘宅，北川羌族自治县的马槽乡花桥村陈宅、白石乡清溪村等都是这种立面形式。由于吊脚式阪屋立面较多，除北墙之外各个立面大多有开窗和漏空的阁楼部分，它们的结构做法与正、侧立面相同。

图7.88 羌族庄房的穿枋和柱子构造　　**图7.89 羌族庄房屋脊处的三角形悬鱼板**

普通的阪屋形式，其建筑位于地平面，能清晰地见到架空的两层，而不像吊脚楼式的阪屋，部分位于地平面，部分架空。普通的阪屋正立面依然由墙身和屋顶构成，不同之处在于普通阪屋墙身的二层阳台通常悬挑出0.8m左右，成为一层的遮阳篷，这是汶川的海拔要高于平武和北川地区，太阳辐射更强，环境辐射温度高，风速更快等原因造成的结果。

普通的阪屋底层一般作为杂物间，由石块砌筑墙体，墙上正中开0.8m×1.8m的户门，人和牲畜都从门出入。门的两侧各有一扇窗户，一侧窗户较大，尺寸为0.5m×0.8m；另一侧为0.3m×0.2m，其位置均无规律。墙面的木柱位置清楚，开间在3.0m左右，墙面木枋条穿过木柱，其上便是木制的阳台和木栏杆，呈竖向的木棍条的围栏高0.8m；二层的墙面全是木板，沿着开间镶嵌整齐，顶上有阁楼，其形式同吊脚楼式的阪屋，其上仍然是无漏空的缝隙，上置檩和椽。侧面山墙的木柱经穿枋连接，柱与柱之间距离小，吊脚式阪屋要窄一些，为1.0～2.0m。普通阪屋整个楼层都是架空的，并且要用木柱来承重，同时较寒冷，人们需要更小的空间保持室内气温。穿枋与木柱构成的木框也较小，均在2.0m×1.5m和1.0m×1.5m，形成普通的阪屋山墙，并与"人"字形的屋顶之间密闭达到隔风的效果（图7.90）。山墙上阁楼位置也开窗，其尺寸不一，有些地方阪屋的窗口为0.5m×0.5m，有些为0.6m×0.9m。所有山墙二楼以上全是木板做围护墙，底层用石块砌筑，小部分有漏空，堆放干柴和杂物。

图7.90 羌族庄房"人"
字形的屋顶

　　侧墙"人"字形屋顶由木板封椽，将檩和椽条保护起来，但不在屋脊交接处做三角形的固定板（悬鱼），此节点处稍显粗拙。另一侧面做法与形式均相似，墙背面开间尺寸与正立面一致，但山墙开窗较少，一般只在堂屋开启，它的尺寸大小等同于侧立面墙上的窗户。普通阪屋的木构架和墙板均为统一的"猪肝色"，底层的墙面部分刷白石灰或保持石材的质感肌理，表现它的自然质朴之色。

　　基于场所微气候解析羌族聚居区，涵盖羌族生活地 7 个县域的村落环境，这些传统村落环境的产生、形成、发展与现状，都源于客观和主观的因素。本章通过大量的调研、搜集、整理，归纳出羌族传统村落环境客观存在的各个环境元素，并对各个环境元素的形貌、作用等情况给予分析，联系性地将它们分组阐述，确定各个环境元素适应气候的作用及表现。为了更加清楚地知道羌族传统村落室内外的环境设计和营造情况，笔者又通过大量的整理，依据气候作用翔实地论述了羌族传统村落环境的情形和面貌，具体分析出若干种村落环境形式和室内环境形式。

参考文献

[1] 姜军. 说文解字 [M]. 汕头：汕头大学出版社，2014.

[2] 耿少将. 羌族通史 [M]. 上海：上海人民出版社，2010.

[3] 季富政. 中国羌族建筑 [M]. 成都：西南交通大学出版社，2000.

[4] 冉光荣，李绍明，周锡银. 羌族史 [M]. 成都：四川民族出版社，1985.

[5] 王天华. 羌乡：精品图样集 [M]. 成都：四川美术出版社，2009.

[6] https：//www. ablixian. gov. cn/lxrmzf/c100125/201908/9f52e38451304566911dd3137cfff364. shtml.

[7] 理县志编纂委员会. 理县志 [M]. 成都：四川民族出版社，1997.

[8] http：//www. beichuan. gov. cn/zjbc/bcgl/qhtd/20433701. html.

[9] 四川省阿坝藏族羌族自治州茂汶羌族自治县地方志编纂委员会. 茂汶羌族自治县志 [M]. 成都：四川辞书出版社，1997.

[10] 国家民委民族问题研究中心. 中国民族 [M]. 北京：中央民族大学出版社，2001.

[11] 松潘县地名领导小组. 四川省阿坝藏族自治州松潘县地名录 [Z].

[12] 汶川县地名领导小组. 四川省阿坝藏族自治州汶川县地名录 [Z].

[13] 何誉杰. 阿坝州旅游景点导游词 [M]. 成都：西南交通大学出版社，2013.

[14] https：//baike. baidu. com/item/%E7%90%86%E5%8E%BF/7262417？fr=aladdin.

[15] 平武县县志编纂委员会. 平武县志 [M]. 成都：四川科学技术出版社，1997.

[16] https：//baike. baidu. com/item/%E6%B1%B6%E5%B7%9D%E5%8E%BF/4392421？fromtitle=%E6%B1%B6%E5%B7%9D&fromid=6995881&fr=aladdin.

[17] 中国古代建筑史编写组. 中国古代建筑史 [M]. 北京：中国建筑工业出版社，1993.

[18] 李诚，王海燕. 营造法式译解 [M]. 武汉：华中科技大学出版社，2011.

[19] 李允鉌. 华夏意匠 [M]. 天津：天津大学出版社，2005

[20] 郑小东. 传统材料与当代建筑 [M]. 北京：清华大学出版社，2014.

[21] 刘晓锋. 建筑工程概论 [M]. 北京：中国轻工业出版社，2016.

[22] 王清标. 土木工程概论 [M]. 北京：机械工业出版社，2013.

[23] 邓广，何益斌. 建筑结构 [M]. 北京：中国建筑工业出版社，2017.

[24] 郑勇. 川味·建筑 [M]. 天津：天津大学出版社，2018.

[25] KJ格雷戈里. 变化中的自然地理学性质 [M]. 蔡运龙，译. 北京：商务印书馆，2006.

[26] 商务印书馆辞书研究中心. 现代汉语学习词典 [M]. 北京：商务印书馆，2010.

[27] 国家科学技术委员会. 气候 [M]. 北京：科学技术文献出版社，1990.

[28] 张鲲. 气候与建筑形式解析 [M]. 成都：四川大学出版社，2010.

[29] 李亚明. 考工记名物图解 [M]. 北京：中国广播影视出版社，2019.

[30] 陈虹. 中国茶道·名茶地图 [M]. 呼和浩特：内蒙古人民出版社，2006.

[31] https：//baijiahao. baidu. com/s？id=1622162574236296519&wfr=spider&for=pc.

[32] 昆明中策装饰有限公司．设计·家：中策装饰全实景作品集［M］．昆明：云南美术出版社，2018.

[33] 张鸿雁．城市形象与城市文化资本论：中外城市形象比较的社会学研究［M］．南京：东南大学出版社，2002.

[34] 陈志华．文教建筑［M］．北京：生活·读书·新知三联书店，2007.

[35] 周浩明，张晓东．生态建筑：面向未来的建筑［M］．南京：东南大学出版社，2002.

[36] http：//news. cctv. com/2019/07/25/ARTIt4skDDLX9so54dqoBeQN190725. shtml.

[37] 张乾．聚落空间特征与气候适应性的关联研究：以鄂东南地区为例［D］．武汉：华中科技大学，2012.

[38] 刘伟．道孚崩科建筑［M］．北京：科学出版社，2018.

[39] 中华人民共和国住房和城乡建设部．民用建筑热工设计规范：GB 50176—2016［S］．北京：中国建筑工业出版社，1994.

[40] 庞晨光．现代汉语词典［M］．北京：商务出版社，2019.

[41] 柳孝图．建筑物理［M］．北京：中国建筑工业出版社，2010.

[42] 杨滟君，任戬．设计原理教程［M］．沈阳：辽宁美术出版社，2007.

[43] 朱丽敏．江南古典园林艺术中的图底关系浅析［J］．无锡轻工大学学报（社会科学版），2000，（1）：76-78.

[44] 李伟．羌族民居文化［M］．成都：四川美术出版社，2009.

[45] 尚新丽．西汉人口研究［D］．郑州：郑州大学，2003.

[46] 杨子慧．中国历代人口统计资料研究［M］．北京：改革出版社，1996.

[47] 徐君．四川藏族风情［M］．成都：巴蜀书社，2006.

[48] https：//baike. baidu. com/item/%E6%B9%9F%E6%B0%B4/2624680？fr=aladdin.

[49] 王志安，邓宏海．世界视野中的马家窑文化［M］．太原：山西人民出版社，2019.

[50] 成斌．羌族民居的现代转型设计研究［M］．北京：中国社会科学出版社，2018.

[51] 郎树德．甘肃秦安县大地湾遗址聚落形态及其演变［J］．考古，2003（6）：83.

[52] 吴楚材，吴调侯．万卷楼国学经典·古文观止（上）［M］．升级版．沈阳：万卷出版公司，2018.

[53] 王进锋．臣、小臣与商周社会［M］．上海：上海人民出版社，2018.

[54] 司马迁．《史记》精选［M］．呼和浩特：内蒙古人民出版社，2007.

[55] 竺可桢．竺可桢文集［M］．北京：科学出版社，1979.

[56] 龚荫．中国民族政策史［M］．成都：四川人民出版社，2006.
于虹．京华通览·北京灾害史略［M］．北京：北京出版社，2018.

[57] 张修桂．龚江集［M］．上海：上海人民出版社，2014.

[58] 石志刚，占绍文，石可儿．秦蜀古道文化研究之发现略阳［M］．西安：陕西旅游出版社，2015.

[59] 于虹．京华通览·北京灾害史略［M］．北京：北京出版社，2018.

[60] 陈丕武，张葆全，沈菲．东方智慧丛书·诗经选译·汉英对照［M］．桂林：广西师范大学

出版社，2018.

[61] 陈启生．宕昌历史研究［M］．兰州：甘肃人民出版社，2006.

[62] 何永斌．西川羌族特殊载体档案史料研究［M］．成都：巴蜀书社，2009.

[63] 耿少将，罗进勇．冉鴥·古代的四川羌族［M］．北京：方志出版社，2011.

[64] 羌族简史编写组．羌族简史修订本［M］．北京：民族出版社，2008.

[65] 羌族词典编委会．羌族词典［M］．成都：巴蜀书社，2004.

[66] 陶思炎．石敢当与山神信仰［J］．民族艺术，2006（1）：43-47.

[67] 呼志强．中国人应该知道的风俗礼仪［M］．南宁：广西人民出版社，2014.

[68] 张犇．羌族造物艺术研究［M］．北京：清华大学出版社，2013.

[69] 常明．四川通志［M］．成都：巴蜀书社，1984.

[70] 彭代明．羌族民居建筑上的"房号"图案分析［J］．装饰，2006（11）：128-130.

[71] 赵曦，赵洋．神圣与秩序·羌族艺术文化通论［M］．北京：民族出版社，2013.

[72] 刘森林．中华聚落：村落市镇景观艺术［M］．上海：同济大学出版社，2011.

[73] 郑励俭．四川新地志［M］．重庆：正中书局，1947.

[74] 石硕．藏地文明探寻［M］．北京：中国藏学出版社，2018.

[75] 田雪原．中国民族人口2［M］．北京：中国人口出版社，2003.

[76] 杨国志．印象古镇［M］．成都：西南交通大学出版社，2013.

[77] 谭继和．氏、氐与巢居文化［J］．四川文物，1990（4）：17-21.

[78] 石硕，杨嘉铭，邹立波．青藏高原碉楼研究［M］．北京：中国社会科学出版社，2012.

[79] 刘敦桢．刘敦桢文集：三［M］．北京：中国建筑工业出版社，1992.

[80] 李道增．重视生态原则在规划中的作用［J］．世界建筑，1982（3）：67-71.

[81] 刘家平．绿色建筑概论［M］．北京：中国建筑工业出版社，2010.

[82] 陈志华．外国建筑史（19世纪末叶以前）［M］．北京：中国建筑工业出版社，2004.

[83] 外国近现代建筑史编写组．外国近现代建筑史［M］．北京：中国建筑工业出版社，2000.

[84] 西安建筑科技大学绿色建筑研究中心．绿色建筑［M］．北京：中国计划出版社，2000.

[85] 宋德萱．建筑环境控制学［M］．南京：东南大学出版社，2003.

[86] 李伟民．法学辞海四［M］．北京：蓝天出版社，1998.

[87] 刘念雄，秦佑国．建筑热环境［M］．北京：清华大学出版社，2005.

[88] 杨柳．建筑气候学［M］．北京：中国建筑工业出版社，2010.

[89] ChristaReicher．城市设计：城市营造中的设计方法［M］．上海：同济大学出版社，2018.

[90] 郭飞．可持续建筑的理论与技术［M］．大连：大连理工大学出版社，2017.

[91] 汶川县地方志编纂委员会．汶川县志［M］．北京：民族出版社，1992.

[92] 四川省阿坝藏族羌族自治州黑水县地方志编纂委员会．黑水县志［M］．北京：民族出版社，1993.

[93] 平武县县志编纂委员会．平武县县志［M］．成都：四川科学技术出版社，1997.

[94] 李敖．古玉图考《营造法式·天工开物》［M］．天津：天津古籍出版社，2016.

[95] 江应梁．中国民族史［M］．北京：民族出版社，1990.

[96] 刘伟，刘斌．羌族庄房空间设计的文化探析［J］．青岛理工大学学报，2011（3）：58-62.

[97]　阿·德芒戎．人文地理学问题［M］．北京：商务印书馆，1993.

[98]　夏云，夏葵，陈洋，等．生态可持续建筑［M］．北京：中国建筑工业出版社，2014.

[99]　马丁．5·12地震重创下的100个景观［M］．北京：东方出版社，2009.

[100]　陈维，邓平模．云朵上的五彩衣·羌族卷［M］．成都：四川美术出版社，2010.

[101]　严福昌．四川民俗戏剧·四川少数民族风情：第2卷［M］．贵阳：贵州人民出版，2011.

[102]　地图出版社编辑部．中国自然地理图集［M］．北京：地图出版社，1984.

[103]　四川省少数民族古籍整理办公室主编．羌族释比经典：下［M］．成都：四川民族出版社，2008.

插图索引

后 记

几年前，我前往四川羌族地区考察，那时就对该民族的建筑环境产生了浓厚的兴趣，回来后就一直想从适应气候和场所的角度分析它们。经过多年的深入调研、测量和试验，并查阅资料，阅读古籍、文献，我发现初期预定的研究方向是正确的，符合羌族人民建房造景的思想基础，从而针对此方向完成了这个视角独特又与当前国内外关注的生态人居环境、绿色建筑和可持续性建筑理念相一致的研究成果。

进入写作阶段之后，我遇到许多难题，这些都是之前未曾想到的。对羌族及其居住环境，过去真正系统研究过的且已出版的专著并不多，市面上和行业内能见到的不过数十本，一些关于羌族建筑的内容又多夹杂于整体民族建筑中，难以形成系统和完整的有关羌族建筑环境的成果，而对羌族传统村落环境的研究更少。在这样的资料文献条件下，我只有多次前往该地区进行田野调研，到当地政府部门搜集信息。调研期间我们住在老乡家，平日走乡串门、进村入户，到处打听和测量观察，做好调研工作，随同的父亲和两位研究生也给了我从事该工作的帮助和信心，使最终原始资料和数据的整理基本完成。好在羌族地区离成都市较近，从市里到羌族聚居地区不过几十公里，驾车通过这段路只需要一个多小时。然而下了国道和省道之后，通往乡村农舍和高山村落的道路较窄且高低不平，十分险要和陡峭，急弯很多，但这些客观交通条件都没能阻抑我们完成这一研究课题。

在这里我非常感谢自己的妻子。在本书写作初期，她就给了我很多较好的建议，使我对本书的方向及内容有了较为清晰的思路和研究方法，也有了较明确的调研路径。她还在本书撰写阶段给我支持和关心，在照顾家人和孩子的同时不忘翻阅本书稿并提出宝贵的建议，使本书能够在 5 年之后的今天如期截稿。我还要感谢父母给我的支持，父亲陪我跋山涉水，进入高山峡谷的羌族地区，那里有海拔近 3000 米的四瓦村，也有海拔超过 3500 米的壤口村。记不清经历过多少次颠簸坎坷、险象环生，但我们最后还是顺利完成了调研，安全回到驻地。还记得为了实现预期目标，我们忙于调研访谈，途中经常忘了吃饭。

克服了所有困难，我更加坚定了完成好这部著作的决心，最终让读者能真正了解我国古代人民在建造他们世代生活的家园时，凝聚的可持续性的智慧，创造的一系列被动式生态技术。这些技术具有现代提倡的生态性能，但这并不是只有现代人才有的技能和思想，它们保证了各地华夏儿女的持续繁衍和发展。

由于理论水平有限，相关史料较少，书中难免存在不够完善的地方，但这些将成为我之后不断弥补的内容，我将尽力去充实。

刘　伟

2023 年 12 月